THE ART OF
LEATHER BRAIDING

皮编的艺术：
皮革技艺入门及设计

U0321623

皮编的艺术：
皮革技艺入门及设计

耳环、吊坠、手镯、皮带、腰带、钥匙扣……
皮革饰品制作新手入门指南

[美] 罗迎修　　[美] 童年/著

中国纺织出版社

鸣谢

我们把这本书献给我们爱的人，以纪念我们为这本书共同努力的时光。

原文书名：THE ART OF LEATHER BRAIDING
原作者名：ROY LUO & KELLY TONG
© Quarto Publishing plc., 2018
本书中文简体版经Quarto Publishing plc.授权，由中国纺织出版社独家出版发行。
本书内容未经出版者书面许可，不得以任何方式或任何手段复制、转载或刊登。

著作权合同登记号：图字：01–2018–0280

图书在版编目（CIP）数据

皮编的艺术：皮革技艺入门及设计／（美）罗迎修，（美）童年著．––北京：中国纺织出版社，2019.9
书名原文：THE ART OF LEATHER BRAIDING
ISBN 978–7–5180–6173–0

Ⅰ.①皮… Ⅱ.①罗… ②童… Ⅲ.①皮革制品–手工艺品–制作②绳结–手工艺品–制作 Ⅳ.①TS973.5 ②TS935.5

中国版本图书馆CIP数据核字（2019）第081038号

责任编辑：李 萍　责任校对：楼旭红
责任印制：储志伟　装帧设计：培捷文化

中国纺织出版社出版发行
地址：北京市朝阳区百子湾东里A407号楼　邮政编码：100124
销售电话：010—67004422　传真：010—87155801
http://www.c-textilep.com
E-mail：faxing@c-textilep.com
中国纺织出版社天猫旗舰店
官方微博http://weibo.com/2119887771
北京华联印刷有限公司印刷　各地新华书店经销
2019年9月第1版第1次印刷
开本：710×1000　1/12　印张：10.5
字数：100千字　定价：58.00元

凡购本书，如有缺页、倒页、脱页，由本社图书营销中心调换

目录

欢迎来到皮编世界

　　大家好，很高兴能在这本书中和你们相遇。我叫罗迎修，出生于中国湖南长沙，2013年移居美国。

　　我开始皮绳编制的时间并不长，在中国的时候我是一名媒体工作者，来美国后我才开始接触皮绳编制。起因是我太太送了我一本关于皮绳编制的书——*Encyclopedia Of Rawhide And Leather Braiding*。事实上，我的英文水平十分有限，我基本不去看书上的文字，而是通过图片学习皮编。

　　差不多一年时间，我便可以完成书上的大部分皮编作品。然后我开始运用基本的编制技法，通过改变皮绳的粗细和颜色搭配，设计制作一些饰品。

　　由于我和我太太都很喜欢复古文化，我们便开始将皮绳编制运用到旧物的改造上。

我认为皮编是一种非常有逻辑性的艺术。如果你想尝试皮编，首先请做到客观。皮编本身是非常单调和严谨的，容不得半点想当然和主观情绪。在我刚开始进行皮编的时候，我遇到某一个步骤编多少次都编不出来，就会恼怒地放弃。事后重新再来时就发现，原来是自己没有看清楚那一步图片中的操作，明明是从左至右，我却想当然地认为是从右至左。

皮编的逻辑就在于环环相扣，每一步都决定整体，做错一步自然是怎么编都编不出来了。如果不注意细节，编制就不能正确完成。这是初学者常犯的错误。

然而，随着你对皮编和各种技法的熟悉，就会发现自己会真正地享受这一工艺的魔力。

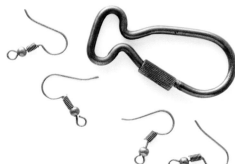

LEATHER BRAIDING
皮编是一种
逻辑性极强
的艺术

1

基础知识

皮绳
LEATHER CORDS

很多材质的绳子都可以用来编制，包括丝的、尼龙的、麂皮的。对于编织而言，只要是线条状的，都可以拿来用。但是本书的皮编饰品，大部分采用可以编辫子、打结及更多种方法编制的皮绳制作，还可以同金属部件连接。对我来说，皮绳是编绳最好的材料，相较其他材料，它更有韧性，软硬适中，适合贴身佩戴。特别是贴身佩戴的时间足够长之后，皮革表面会形成一种油光发亮的效果，很迷人。

皮革与绒面革
LEATHER AND SUEDE

皮革是通过鞣制保存下来的动物的皮肤，通常会用染料上色。皮革都有两面，光滑的一面具有卵石纹理，而粗糙不平的一面被称为绒面革。绒面革毛茸茸的独特纹理，是皮革的光滑外层被剥去后留下的。而皮绳的类型分为两种：扁平皮带和圆形皮绳。

扁平皮带
FLAT LEATHER LACES

扁平皮带，通过测量所需的宽度，可以由绒面革、牛皮及其他皮革制成。除此之外，它们厚度也各不相同。绒面革和其他皮革的扁平皮带厚度为1~2mm，而牛皮则要厚得多。必然的，绒面革和其他皮革的扁平皮带往往更柔软，更方便使用。大多数的皮编中，使用牛皮编制的扁平皮带更加的坚韧，效果更接近圆形皮绳。所以编制出来的物品的柔软度取决于所用皮带的皮革类型。绒面革最为柔软，其他皮革则适中，牛皮最为强韧。根据设计的不同，扁平皮带用于编绳时，可以将柔软的皮带和强韧的皮带搭配成经纬线进行编制。

圆形皮绳
ROUND LEATHER CORDS

圆形皮绳有很多种颜色，而且编制成品有金属般的质感。现在可以买到的圆皮绳，直径从0.5mm到6.0mm不等，利用不同直径的皮绳搭配编制，就像本书中许多作品一样，又一次丰富了皮绳编制的变化。根据绳子的厚度和加工方式的不同，一些皮绳比起其他皮绳要柔软易弯曲。我只用圆皮绳编制，因为圆皮绳没有宽皮绳那样正反面不同的皮革质感，整个表面是完整统一的，这对编制出来的效果影响很大。

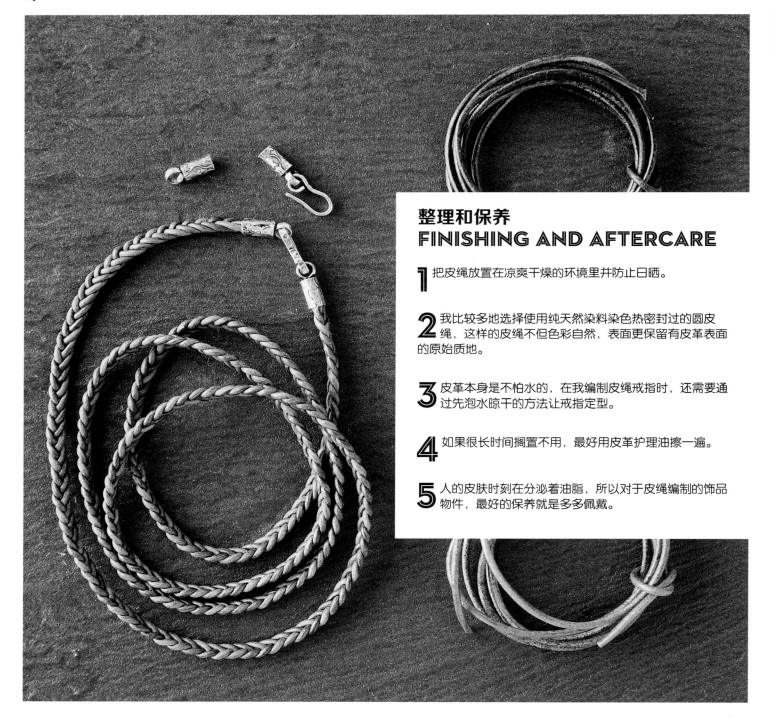

整理和保养
FINISHING AND AFTERCARE

1 把皮绳放置在凉爽干燥的环境里并防止日晒。

2 我比较多地选择使用纯天然染料染色热密封过的圆皮绳，这样的皮绳不但色彩自然，表面更保留有皮革表面的原始质地。

3 皮革本身是不怕水的，在我编制皮绳戒指时，还需要通过先泡水晾干的方法让戒指定型。

4 如果很长时间搁置不用，最好用皮革护理油擦一遍。

5 人的皮肤时刻在分泌着油脂，所以对于皮绳编制的饰品物件，最好的保养就是多多佩戴。

工具 TOOLS

使用正确的工具设备和使用合适的材料一样重要。幸运的是，皮编饰品不需要太贵或太难找到的工具。

剪刀 SCISSORS

因为皮革是比较坚韧的材料，你会需要一把锋利的剪刀。剪刀的顶端要尖一些、锋利一些，才能把边缘修剪整齐。不要把编绳用的剪刀剪其他的东西，比如纸，那会让剪刀快速变钝。

胶 GLUE

如果你要使用五金接头，就需要用到胶。最好使用有详细的使用说明的品牌胶，比较容易区分。

尖嘴钳 CHAIN-NOSE PLIERS

这些钳子末端是尖的，内部光滑平整。钳子主要是用来帮助皮绳穿过一些空间很狭小的部分。

软尺 MEASURING TAPE

在你开始做首饰之前需要用软尺测量皮绳的长度。在开始创作之前决定一件首饰的长度时也是十分必要的。

手 HANDS

你的手是最重要的工具，皮编时它承担了大部分的工作——编辫子、打结及其他编制。

皮编的开端和收尾
BEGINNING AND FINISHING YOUR BRAID

作品的开端和收尾可以有多种方法，这本书的许多作品开端和收尾是固定和粘五金附件，将皮绳打结（见基本技法第18~23页）或者使用缠绕技法。

缠绕
WHIPPING

这是固定皮绳的基本方法，可以沿着范例的长度绕在任何位置，所以你可以精确地创作出理想长度的作品。在制作过程中用一根相同材料的皮绳，以便缠绕的绳子与其余的作品相匹配。也可以用对比强烈的颜色突出缠绕的绳子。

配件固定
ATTACHING FINDINGS

配件就是那些小附件，通常是由金属制成的。它们能确保你完成首饰作品，同时也是创作作品的专业性、吸引力和实用性的保证。它们种类繁多，所以挑选出适合你的首饰作品的配件非常重要。

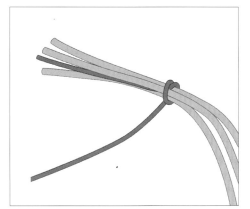

1 把皮绳在开始编制的顶部聚拢在一起，把用来缠绕的皮绳放在你要固定的皮绳中间。在你想要开始编制的地方把用来缠绕的皮绳从中间拉出。拉着用来缠绕的绳子从中心在其他皮绳周围缠绕。

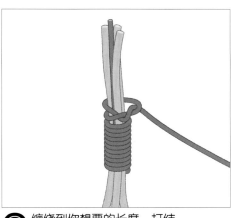

2 缠绕到你想要的长度，打结。

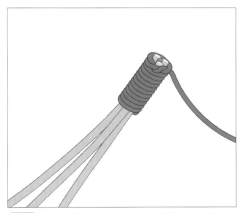

3 一旦你做好这个结，剪断多余的皮绳，准备开始编制。

1 绳结两端全部缠绕完成后，剪去多余的皮绳。

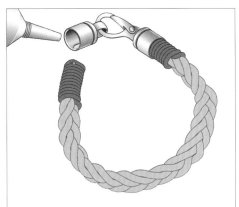

2 把一滴胶水滴在绳子的末端和配件开口的周围，然后把皮绳插入配件，让胶水至少干燥两个小时。

基本技法
BASIC
TECHNIQUES

首饰制作基本技法是编制皮绳首饰的基础，即使之前你还没有制作过首饰，也需要尽可能快地去学习核心技能。

方结
SQUARE KNOT

一个方结由两个半结组成，拉紧时呈现方形。

半结
HALF-HITCH
KNOT

一个绳在另一个绳上打的一个松松的线圈结，形成一个螺旋的形状。这个结有一条可以活动的绳子和一根固定的中心绳子。

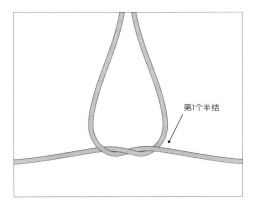

第1个半结

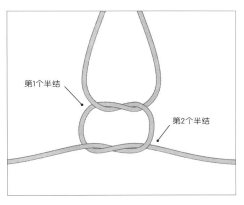

第1个半结　第2个半结

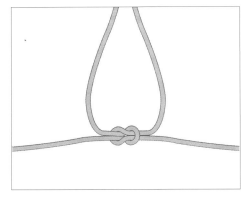

1 把两边的绳子如图打一个结。向两边均匀地拉两根绳子。（下一个步骤没有收紧，这样你可以清楚地看到两个部分。）

2 下半部分与上半部分绕线方向相反。

3 拉动两根绳子，收紧绳结。

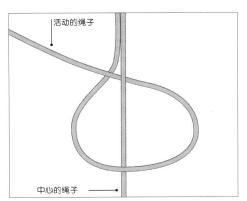

活动的绳子

中心的绳子

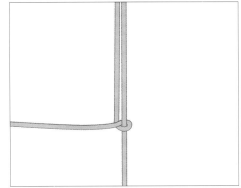

1 将两条绳子对齐平放，左侧绳子作为活动的绳子，拉紧中心的绳子。将活动的绳子放在中心的绳子上，在左边留下一个开口。活动的绳子从中心的绳子下方穿过，从左边的开口穿出。

2 拉紧活动的绳子完成绳结。

西班牙环结　SPANISH RING KNOT

这种结受到广泛赞誉，
经常用来把一束绳捆在一起。

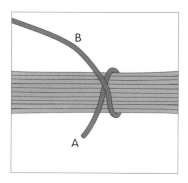

1 将绳子的两端指定为末端A（A是固定端）和B，确保B在A的顶部。

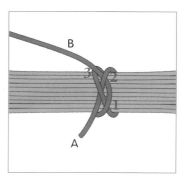

2 把B绕在皮绳上，把它压过1，穿过2，穿过3。

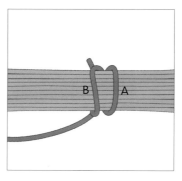

3 把皮绳翻过来，这样A在右，B在左。

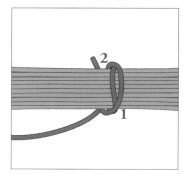

4 将B移动到A上，使皮绳在1和2两处重合。

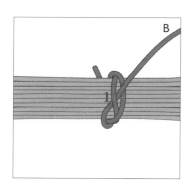

5 将B置于左边皮绳下方，穿过1的开口处。

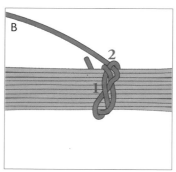

6 然后，将B置于右边皮绳下，穿过2的开口。

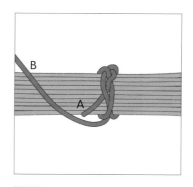

7 把皮绳翻过来，A和B现在回到开始的位置。

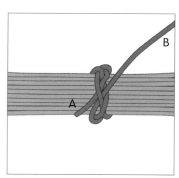

8 将B穿过A的开口处完成这个结。

平结 FLAT KNOT

平结经常用于连接皮绳和物体，比如钥匙环。

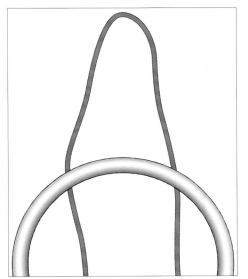

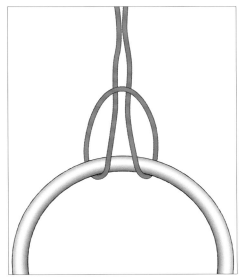

1 把皮绳对折，然后把它放在圆环的后面。
如图所示，确保皮绳两端在圆环的下方，
线环在圆环的上方。

2 将皮绳两端向上绕过圆环，同时穿过
上方的线环。

3 收紧皮绳，固定在圆环上。

单向平结
FINISHING FLAT KNOT

这个平结是将两个皮绳合并起来完成一个作品的。

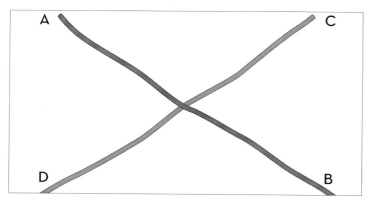

1 如图所示，将红色的皮绳放在绿色的皮绳上面。红绳的末端分别是A和B，绿绳的末端是C和D。

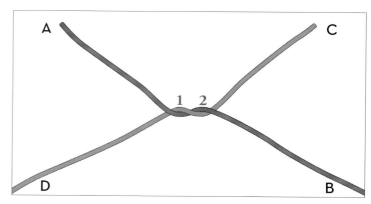

2 手持红色皮绳的B端在1处下方和2处上方绕过绿色皮绳。

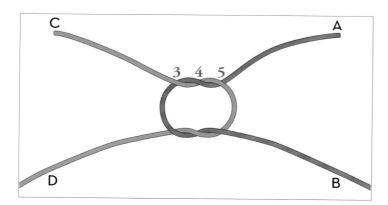

3 将红色皮绳的A端和绿色皮绳的C端再次像步骤**2**中一样缠绕，A在3处下方、4处上方、5处下方绕过C。

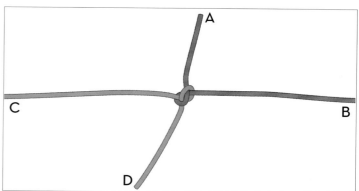

4 将A和C两端拉紧，形成一个平结，修剪皮绳末端后完成。

完成结
FINISHING KNOT

在这里，我们用一个戒指尺寸测量棒来演示这个简单的结，但是你可以用它来结束一个已经缠绕好的作品（如一个皮环）单绳，或绳组。

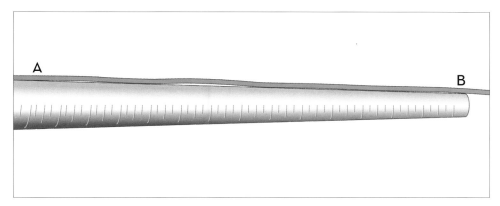

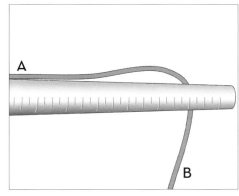

1 把皮绳水平地放在测量棒旁边，把绳子的末端设定为A和B，A是起点，将A贴紧测量棒，使其牢牢固定。

2 把B放在测量棒后面。

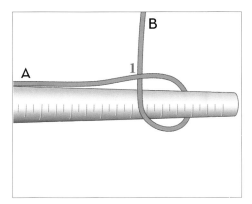

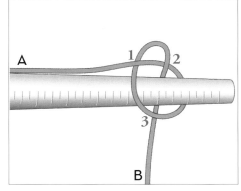

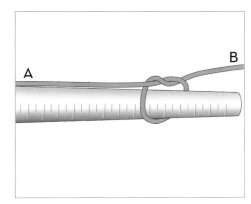

3 将B绕过测量棒，从1处穿出。

4 将B穿过步骤3中创建的环，在2处形成重叠，然后从测量棒下方穿过，在环下的点3处重叠。

5 拉动A和B两端把结收紧。修剪绳子的B端就完成了。

2

皮编饰品

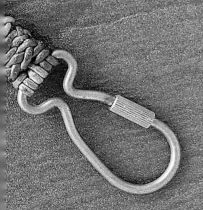

作品图片
PROJECT FINDER

本章包含20款皮编作品，从耳环、手环到吊坠、项链。

心形戒指 **P.28**

红色手镯 **P.32**

简约手环 **P.52**

简约多圈手环 **P.56**

铜弹簧扣挂绳 **P.76**

鱼形钥匙环 **P.80**

魔法扫帚吊坠 **P.84**

沙漠之月皮卷耳环 **P.88**

青铜环吊坠　　　　P.36　　　　无限结手环　　　　P.40　　　　西式流苏手环　　　　P.44　　　　墨绿色中性手环　　　　P.48

六股手环　　　　P.60　　　　八股颈圈　　　　P.64　　　　全皮可调整颈圈　　　　P.68　　　　六股缠绕颈圈　　　　P.72

河边微风双结耳环　　　　P.92　　　　红灯笼耳环　　　　P.96　　　　皮带搭扣　　　　P.100　　　　裹绳把手　　　　P.104

心形戒指
WEAVER'S HEART RING

这是一款双色皮编戒指，使用西班牙环结的技法编制而成（见基本技法第20页）。

工具

软尺

剪刀

戒指尺寸测量棒

材料

直径2mm天然蓝色圆皮绳长89cm，1根

直径2mm天然红色圆皮绳长89cm，1根

直径0.5mm天然黑色圆皮绳长38cm，1根

1 将蓝色皮绳绕戒指尺寸测量棒一周后交叉，A端为起始端。交叉时，B端压住A端。

2 将B端再绕戒指尺寸测量棒一周后，压过1处，然后穿过2处，再压过3处。

3 旋转戒指尺寸测量棒至反面，这样A端在右边B端在左边。

4 把B端放在A端上，重叠处设定为1和2。

5 将B端的皮绳从1处下方穿过，再从2处下方穿过。

6 此时戒指尺寸测量棒已旋转回A端，将B端与A端重叠，就完成了一个完整的回圈结。

7 将红色皮绳沿着蓝色皮绳的轨迹贯穿一次，完成后使用温水浸泡30分钟，再置于通风处自然干透。待戒指自然干透后，较之前更为坚韧，此时再将多出的皮绳剪掉。

8 将直径0.5mm的黑色皮绳起始端插入A端和B端的重合处。

9 缠绕至完全包住A端和B端的绳头，打结。戒指完成。（见基本技法第23页）

注： 西班牙环结出自 *ENCYCLOPEDIA OF RAWHIDE AND LEATHER BRAIDING*一书第390页。

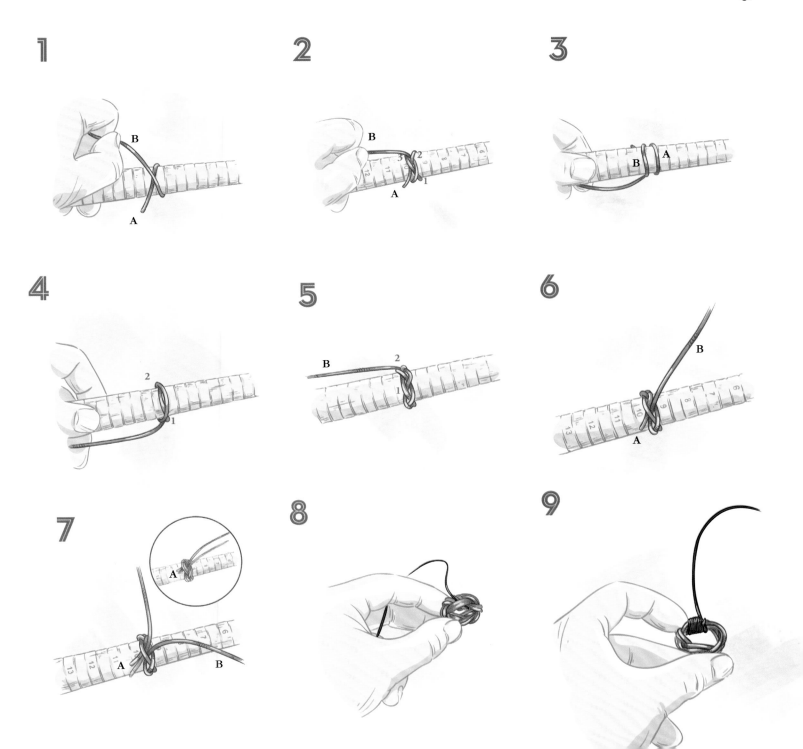

红色手镯
RED LEE BRACELET

这是一款拼接得十分完美的手环，厚实的辫子被纤细的绳子紧紧地缠绕住。装饰复杂的红色铜饰为这款淳朴的手链画上句号。

工具

剪刀

软尺

胶

材料

直径4mm自然棕色圆皮绳长25cm，4根

直径1.5mm天然红色圆皮绳长92cm，2根

口径10mm五金接头

注：范例制作的成品总长为18cm，如果你想要更长一些，增加皮绳的长度到你喜欢的尺寸。

1 将红色皮绳夹入4根棕色皮绳的中间约4cm的长度，然后抽出开始缠绕4根棕色皮绳。由于皮绳自身有一定伸缩性，缠绕皮绳时需要用力拉紧皮绳，不给皮绳伸缩的空间，避免日后松掉。

2 将红色皮绳缠绕至4cm的位置，打结固定。此款范例中红色皮绳的部分，长度为两端各4cm。

3 打结固定好以后，用剪刀将多出的部分剪掉。

4 现在我们开始编制4根棕色皮绳。将4根皮绳从左至右展开。

5 首先将D绕过C与B平行，然后将A绕过B与C平行。

6 将C绕过A与D平行，再将B绕过D与A平行。

7 按此循环至8cm处，再次将红色皮绳置于4根棕色皮绳的中间并且直接开始缠绕，缠绕时请尽量拉紧皮绳。

8 将红色皮绳缠绕至4cm位置打结固定，用剪刀将多出的皮绳剪掉。详情请参考步骤1~3。

9 用胶将五金接头与手环黏合固定，等待2小时后胶干，即完成。

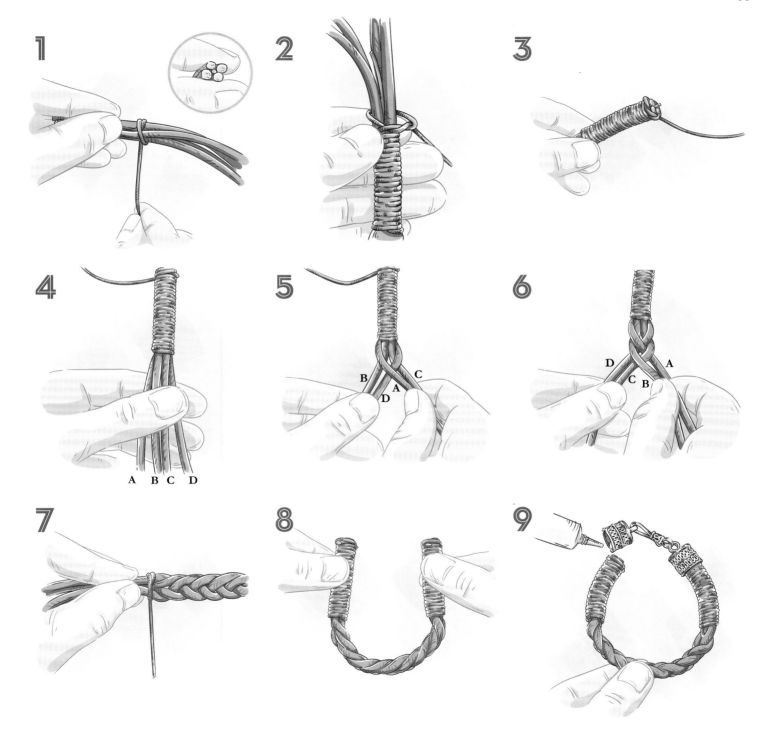

青铜环吊坠
BRONZE RING
PENDANT

这款挂饰的灵感来源于一个60年代的窗帘挂环，用半结编制技法将一根1mm粗的天然褐色圆皮绳缠绕包裹在上面，形成螺旋环绕的立体纹理。这款吊坠整体呈现出非常复古和神秘的感觉，可以挂在任何地方。

工具

软尺

剪刀

材料

复古铜环挂坠1个

直径1mm天然褐色圆皮绳长140cm，1根

1 将皮绳绕铜环一圈，起始端为A端，延伸端为B端。

2 将B端绕铜环一圈，从1处下方穿过。半结的开端部分完成。

3 将B端绕铜环一圈，并从2处穿过。

4 重复步骤3，直至将铜环完全覆盖。编制过程中，力度要适中，掌握皮绳本身的韧性。

5 将A端和B端多出的皮绳打2次死结固定，并剪去多余的皮绳，作品完成。

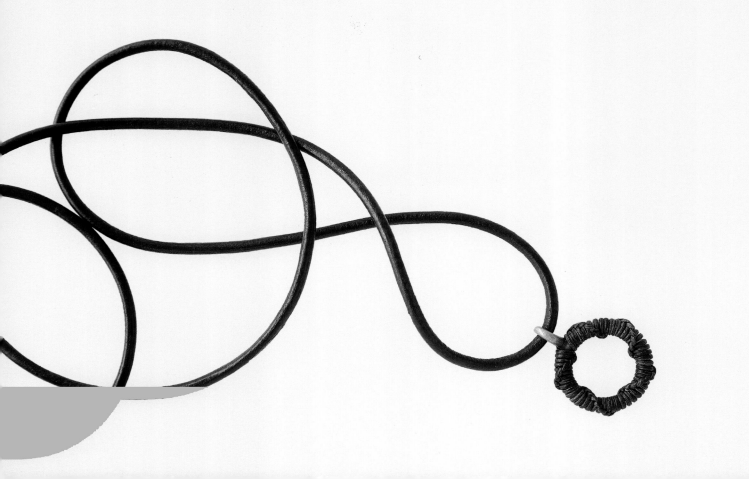

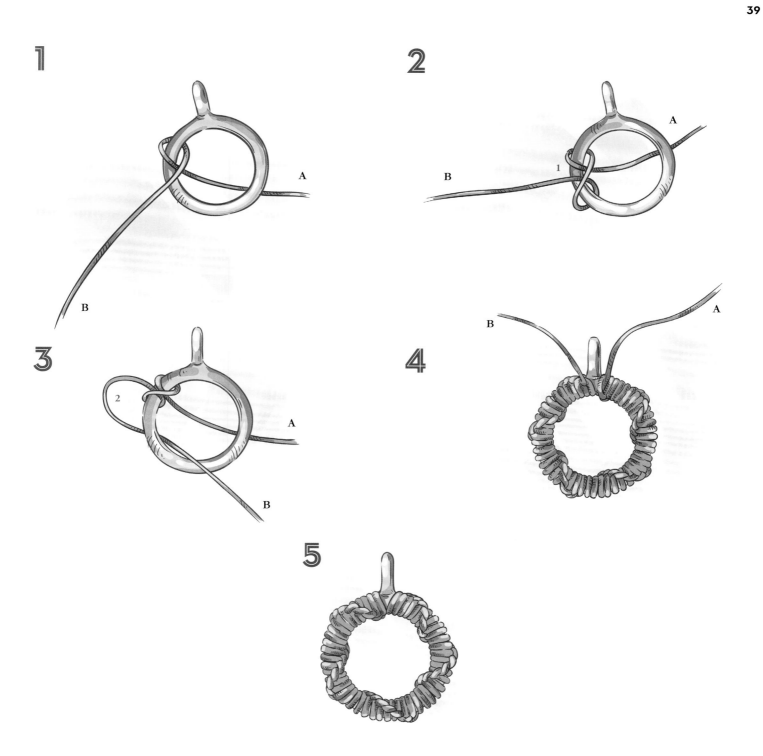

无限结手环
INFINITY KNOT WRIST WEAR

这是一款制作起来非常简单的全皮手环。它非常适合想制作一个特别的手工礼物送给爱人的初学者。

42

工具

软尺

剪刀

材料

直径4mm的天然棕色圆皮绳长50cm，1根

备注：手环长度 + 30cm（打结消耗的皮绳长度）= 所需皮绳长度。

1 将皮绳A端打单结。

2 将B端从打的结中间穿过，留出一个线环，拉紧A端的单结。这是公母扣中的母扣，线环的大小可以调节。

3 在距离A端母扣8cm处，将皮绳打一个单结。

4 将B端从这个结中间穿过，留出一个直径与皮绳直径同样大小的线环。

5 将B端从线环中穿过，留出一个线环。

6 顺时针转动B端，使这个线环从下往上扭转，形成一个大小和皮绳直径相同的线环。

7 将B端从这个线环穿过，无限结就完成了。

8 将B端绕出一个线环。

9 将B端绕A端一圈后，穿过线环，拉紧。公母扣中的公扣完成。手环完成。

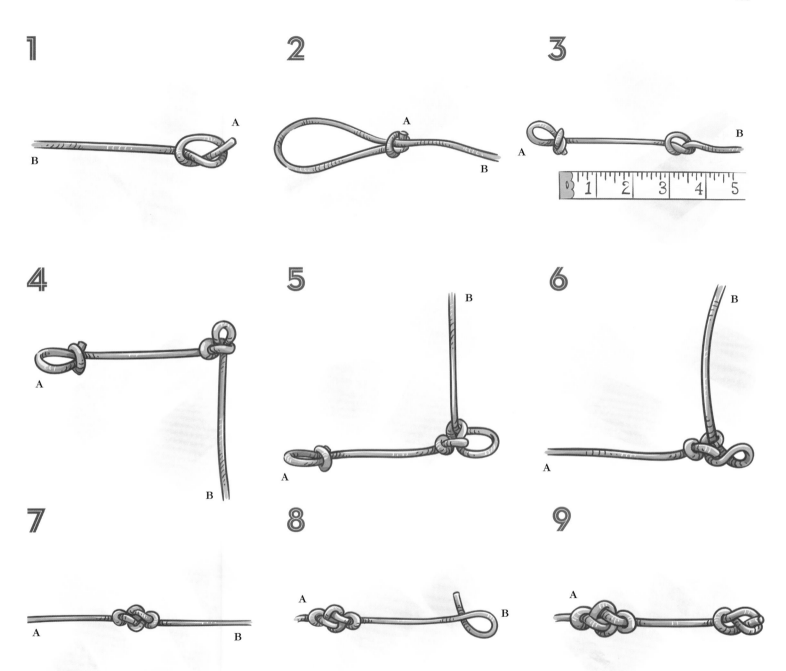

西式流苏手环
WESTERN TASSEL WRIST WEAR

这款手环，完全使用皮绳编制技巧制作而成，所需材料仅仅只是3根皮绳而已。

对于皮绳编制技法来说，是一款比较有代表性的、完整的皮编作品。

工具

软尺

剪刀

材料

直径1.5mm的天然棕色圆皮绳长152cm，1根

直径1.5mm的天然灰色圆皮绳长102cm，1根

直径1.5mm的天然褐色圆皮绳长102cm，1根

1 在这个作品里，将三根皮绳合成一股使用。将3根皮绳的一端对齐，把A端绕在左手食指上。在50cm的位置打结，将B端皮绳绕圈置于A端皮绳之上。

2 将A端皮绳穿过1处下方，2处上方，3处下方，4处上方。

3 将皮绳B端，以逆时针方向，绕过1处上方，从2处中间穿过。

4 将皮绳A端，以逆时针方向，绕过1处上方，从2处中间穿过。

5 拉动A端和B端的皮绳，将绳结收紧，完成的结是接下来编手环的起点。现在有6根皮绳用于后续的编制。

6 使用6根皮绳双股编制。将6根皮绳两两一组，分成3组。从左至右分别为C，D，E。

7 先将C绳组水平翻转至D和E绳组的中间。将E绳组水平翻转至D和C绳组的中间。这就完成了三股编制。重复这个步骤直到编至想要的长度。（此例为25cm）

8 将B端皮绳围成一个与步骤5中的结大小相同的环，同时与自身重叠2.5cm。

9 此时有一根相较其他皮绳长出许多的棕色皮绳，用这根皮绳将其他5根皮绳与手环主体皮绳捆绑缠绕。继续缠绕直到B末端的环刚好足够大适合步骤5中的结。做一个完成结就完成了。

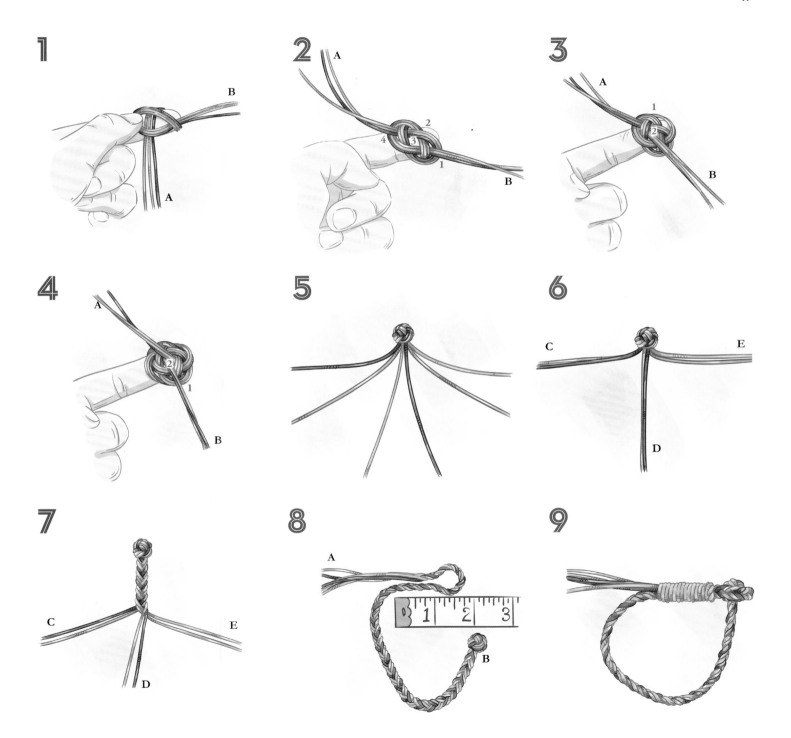

墨绿色中性手环
INK-GREEN BRAID WRIST WEAR

这是一款男人女人都可以戴的漂亮的皮编手环。皮绳的厚度决定了这种风格的手环的厚度和宽度。

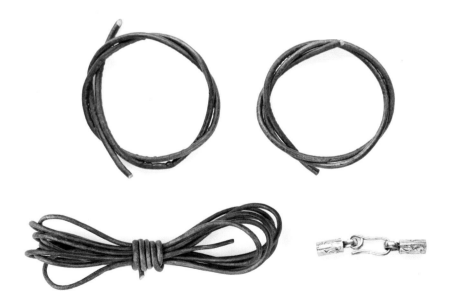

工具

软尺

剪刀

胶

材料

口径4mm五金接头一副

直径2mm的天然蓝色圆皮绳长30cm，2根

直径1.5mm的天然绿色圆皮绳长203cm，1根

1 将两根蓝色皮绳和绿色皮绳的一端用胶固定于红铜接头的公头端。

2 将绿色皮绳放在两根蓝色皮绳中间，设定左边的蓝绳为A，右边的为B。

3 绿色的皮绳绕过A和B形成一个圈。

4 将绿色皮绳再次从A和B两根蓝色皮绳中间穿过。这是开头的编法。

5 将绿色皮绳绕蓝色皮绳B一圈。

6 绿色皮绳再绕蓝色皮绳A一圈，形成一个类似无限符号的形状。缠绕时，尽量拉紧绿色皮绳，不要让绿色皮绳的每一圈之间出现缝隙，避免露出蓝色皮绳。

7 继续缠绕无限符号形状至你需要的长度，留出安装红铜接头的皮绳长度0.5cm，将多余的皮绳剪去。

8 用胶将皮绳与红铜接头的母头端固定，干燥24小时。

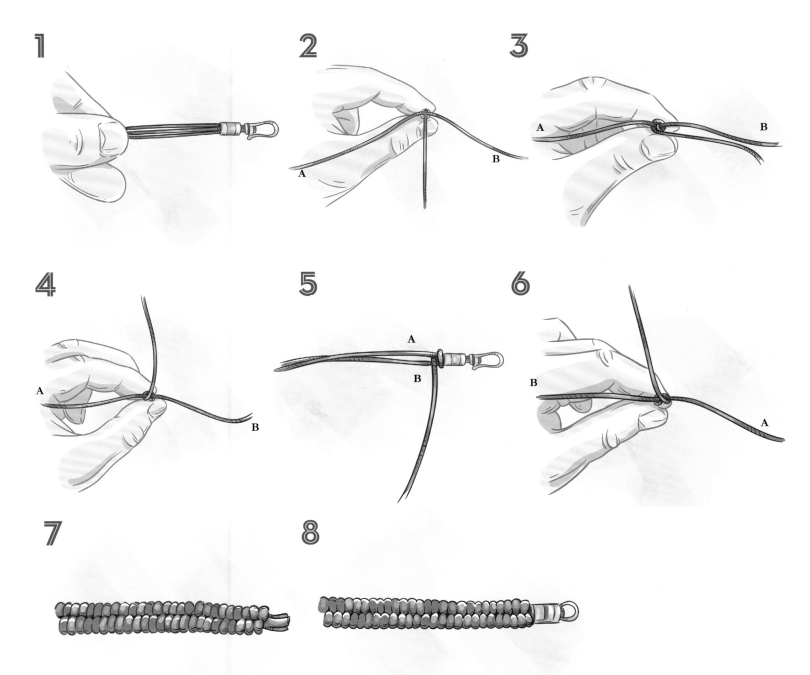

简约手环
MAGNOLIA COIL
WRIST WEAR

这是一款相对较为容易的皮编手环，配有漂亮的铜扣，很容易制作。

工具

软尺

剪刀

胶

材料

口径4mm五金接头一副

直径1.5mm的天然蓝色圆皮绳长30cm，3根

直径1.5mm的天然褐色圆皮绳长165cm，1根

1 将4根皮绳用胶固定于五金接头的一端。

2 将褐色皮绳拉紧，紧密地缠绕住3根蓝色皮绳，此处力道是关键，缠绕的每一圈都避免留出空隙，密度紧凑，不要露出蓝色皮绳。

3 褐色皮绳继续缠绕住蓝色皮绳直至缠绕到你所需要的长度，此例手环长度为20cm。

4 留出安装五金接头的皮绳，长度为0.5cm，将多余的皮绳剪去。

5 用胶将皮绳与五金接头的另一端固定，干燥24小时。

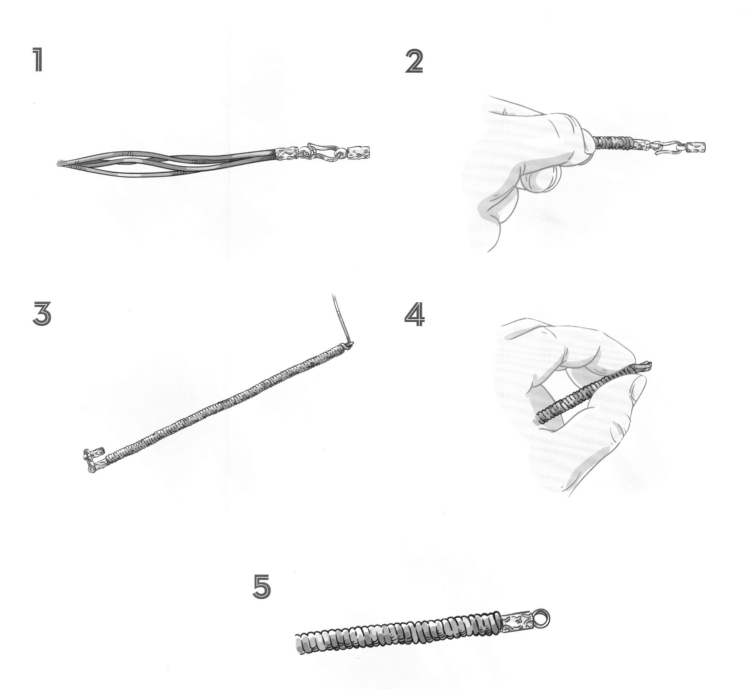

简约多圈手环
SIMPLE BRAID WRIST WEAR

长度为89cm，是一款通过多颜色皮绳混合编制的长手环，色彩丰富，可绕手腕4圈，单圈长度为18cm。

工具

软尺

剪刀

胶

材料

口径4mm五金接头1副

直径1.5mm天然蓝色圆皮绳长127cm，2根

直径1.5mm天然棕色圆皮绳长127cm，1根

直径1.5mm天然灰色圆皮绳长127cm，1根

1 将4根皮绳用胶固定于五金接头钩子的一端。

2 将四根皮绳一字排开，从左至右设定为A，B，C，D。初始位置A是灰色皮绳，B是棕色皮绳，C和D是蓝色皮绳。

3 开始编绳，如图所示将A绕在B上。

4 将D绕在C和A上。这是一次完整的编制操作，进行第2次编制操作时，从左至右变更为A（棕色），B（蓝色），C（灰色），D（蓝色）。

5 重复步骤3~4，A绕在B上，D绕在C和A上，然后刷新皮绳排位。循环编制至你所需要的皮绳长度，此款手环长度为89cm。

6 留出0.5cm的未编制皮绳，用以安装五金接头，将多出的皮绳剪去。

7 用胶将皮绳固定于五金接头另一端，手环完成。

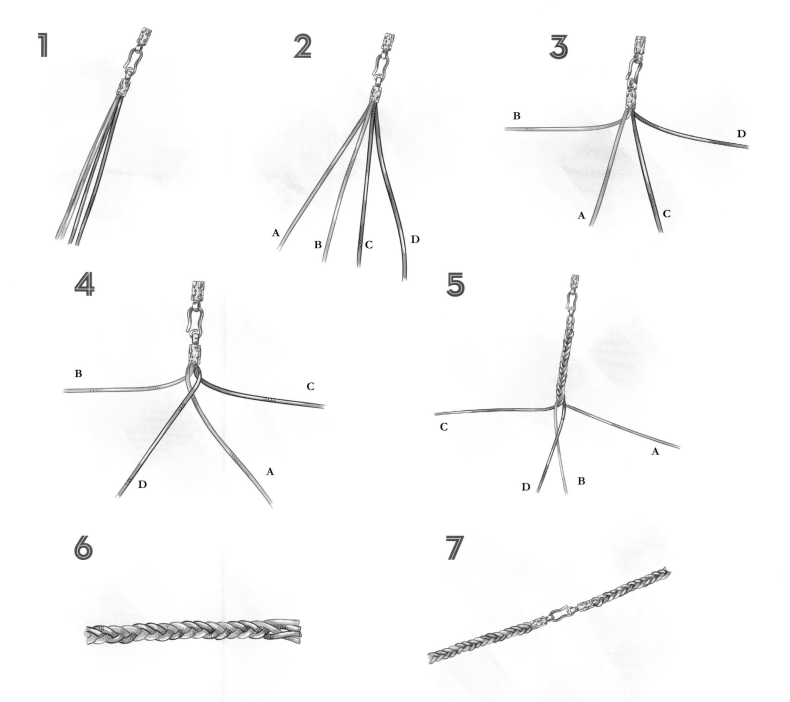

1

2

A B C D

3

B D A C

4

B C D A

5

C A D B

6

7

六股手环
SIX=STRING WRIST WEAR

这是一款男女皆宜的手环。本来这种编制方法是最基础，最简单的，编出来的皮绳交叉纹路也比较普通，但是通过在编制过程中改变皮绳的方向，编制出来的皮绳交叉纹路和立体造型也发生了巨大的变化，这是我自己在学习和摸索中发现的一个小惊喜，希望分享给大家的同时，也能帮助大家更加全面地理解皮绳编制的艺术魅力。

工具

软尺

剪刀

胶

材料

口径4.5mm五金接头一副

直径1.5mm天然红色圆皮绳长38cm，2根

直径1.5mm天然绿色圆皮绳长38cm，2根

直径1.5mm天然棕色圆皮绳长38cm，2根

1 将6根皮绳用胶固定于五金接头的一端，两两一组，分成A，B，C 3组，颜色搭配任选。

2 将C翻转置于A和B的中间。

3 将A翻转置于C和B的中间。

4 将B保持水平不变地绕到A和C的中间。

5 将C翻转置于B和A的中间。

6 将A翻转置于B和C的中间。

7 将B保持水平地绕到A和C的中间。一个完整的循环结束，现在从左至右依次是A，B，C。

8 循环步骤2~7，编至你所需要的长度。本例为20cm长的手环，留出五金的长度4cm，将多出的皮绳剪去,剩下大约5mm未编制皮绳，用于安装五金接头。

9 将编制好的皮绳用胶固定于五金接头的另一端，干燥24小时。

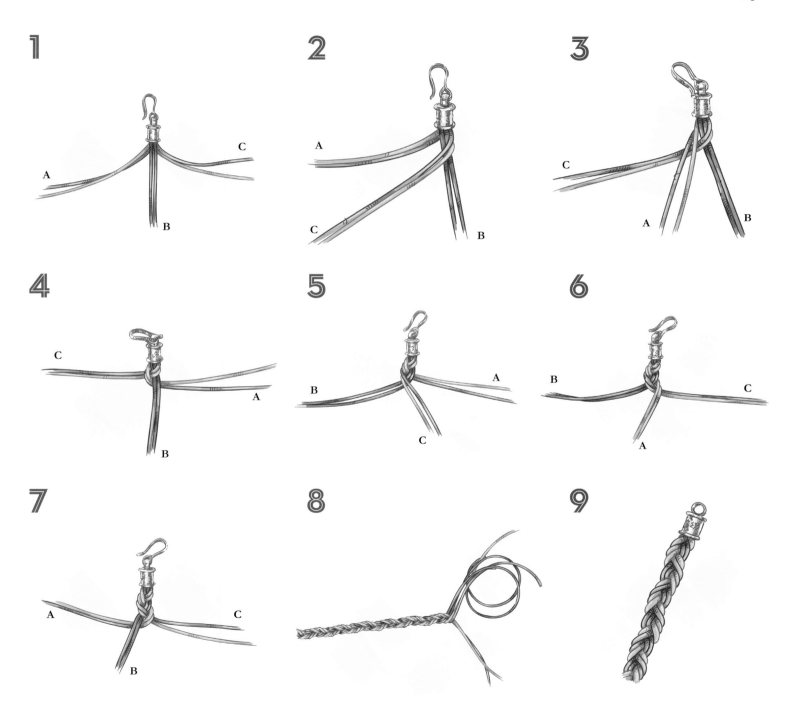

八股颈圈
EIGHT-STRING NECKWEAR

这是一款适合女生佩戴的颈圈，采用4根皮绳编制技法，圆弧型的皮绳线条，不禁让人想到抽象的海浪造型。

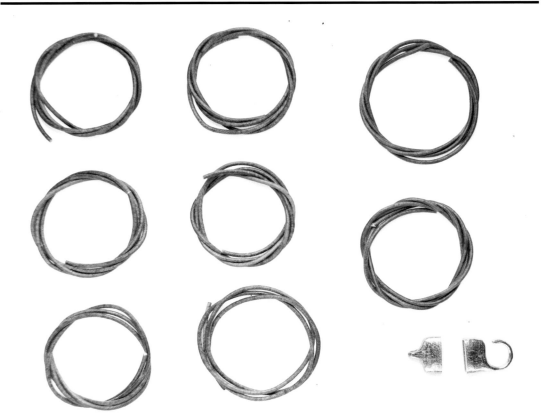

工具

软尺

剪刀

胶

材料

口径16mm五金接头一副

直径2mm天然灰色圆皮绳长50cm，6根

直径2mm天然绿色圆皮绳长50cm，6根

1 将8根皮绳用胶固定于五金接头的一端，从左至右设定为A到H号，绿色的皮绳位于D和E的位置。

2 将D置于A，B，C的下面，将E置于F，G，H的上面。

3 不改变D和E的位置，将A，B，C与F，G，H交叉，F，G，H置于A，B，C上面。

4 将D置于F，G，H的上面。将E置于A，B，C的下面，与D交叉，并且置于D的上面。

5 将F，G，H置于E的上面，并与置于D下面的A，B，D交叉，此处A，B，C在F，G，H的上面。

6 将E置于A，B，C上面。将D置于F，G，H的下面，并与E交叉，此处D在E上面。

7 循环步骤2~7，编制至你所需要的长度。剩下大约5mm未编制皮绳，用于安装五金接头。

8 将编制好的皮绳用胶固定于五金接头的另一端，干燥24小时。

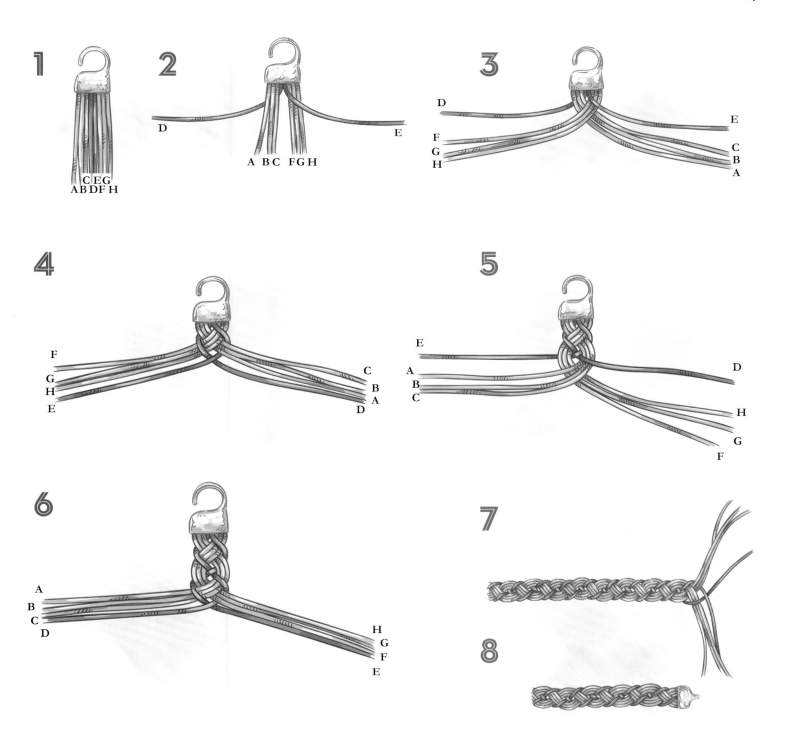

1

C E G
A B D F H

2

D

A B C F G H

E

3

D

F
G
H

E

C
B
A

4

F
G
H
E

C
B
A
D

5

E

A
B
C

D

H

G

F

6

A
B
C
D

H
G
F
E

7

8

全皮可调整颈圈
ALL-LEATHER ADUSTABLE NECKLACE

这款颈圈的设计实用性很高，一根127cm的皮绳，两个3圈水手绳结，便可完成一个直径48~94cm的可调节项圈。用这款项圈搭配各种其他的挂饰，例如魔法扫帚和铜环挂饰，非常适合。

工具

软尺

剪刀

材料

直径4mm天然褐色圆皮绳长127cm，1根

1 将皮绳两端任意设定为A端和B端，先将A端对折15cm，将对折后的另外一端设定为C端。

2 手持B端逆时针放置，与A端对齐，如图所示，使其与末端A的长度相等。并将A端皮绳的对折位置设定为D端。

3 在距离D端2.5cm的位置，用A端皮绳包住A，B，C端的皮绳，缠绕3圈后，从D端圆圈穿过。

4 拉动C端皮绳，将3圈水手结收紧，将A端超出太多的皮绳剪去。同时，B端的皮绳依然可以移动通过，这便是用A端皮绳包住B端皮绳打出的3圈水手结。需要注意的是，A端剪去的皮绳不超出水手结即可，水手结也无需拉得太紧，以稍运力便可拉动B端皮绳的松紧为适合。

5 将B端皮绳拉出第一个3圈水手结30cm的距离。

6 用同样的方法将B端皮绳包住C端皮绳打3圈水手结。全皮可调整项圈完成。

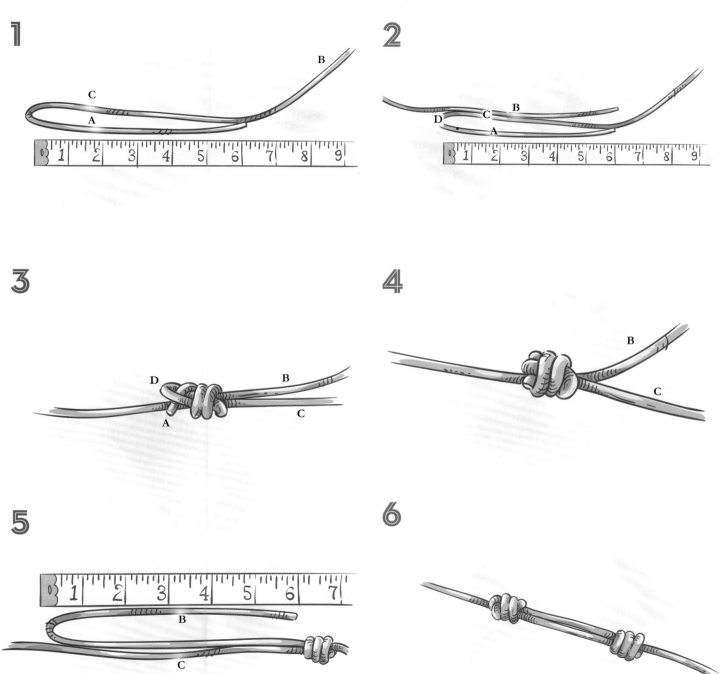

六股缠绕颈圈
SIX-STRING WRAP NECKLACE

这是一款男女皆宜的项圈，从皮绳编制的技巧层面看，这款作品需要更多的时间和精力，也会耗费更多皮绳。但此款皮编作品纹路变化多，层次多，立体感强。

工具

软尺

剪刀

短绳子

胶

材料

口径8mm五金接头一副

直径1mm天然蓝色圆皮绳长152cm，4根

直径1.5mm天然绿色圆皮绳长229cm，1根

直径1.5mm天然棕色圆皮绳长229cm，1根

1 将4根直径1mm天然蓝色圆皮绳的一端对齐，于7.5cm处固定。

2 把四根皮绳设定为A、B、C、D。将A压过B，再将B压过C，再将C压过D，最后再将D从A下方穿过。

3 将D从交叉处1后方穿过，将A从交叉处2后方穿过，将B从交叉处3后方穿过，将C从交叉处4后方穿过。

4 拉动A、B、C、D号皮绳，直至无法拉动。

5 把这个结作为起始点，重复步骤2~4，直至编到你想要的长度。在这个案例里，编绳长度为35.5cm。

6 将皮编主体与直径1.5mm的天然绿色和棕色的圆皮绳一起，用胶固定在五金接头的一端。需要注意的是，两根直径1.5mm的皮绳必须位于皮编主体的最左边和最右边。

7 将棕色皮绳绕到皮编主体后面。将绿色皮绳从皮编主体左边的棕色皮绳下方穿过，绕皮编主体半圈后，从皮编主体右边的棕色皮绳下方穿过。这便是方结的开端。

8 将绿色皮绳从皮编主体的后面绕过。再将黄棕色皮绳从皮编主体左边的绿色皮绳下方穿过，绕皮编主体半圈后，从皮编主体右边的绿色皮绳下方穿过。这便是1个完整的方结。

9 重复步骤7~8直到主体都被被绿色和棕色的皮绳缠绕。将多出的皮绳剪去，剩下大约5mm未编制皮绳。用胶将五金接头与皮编结合固定，干燥24小时。

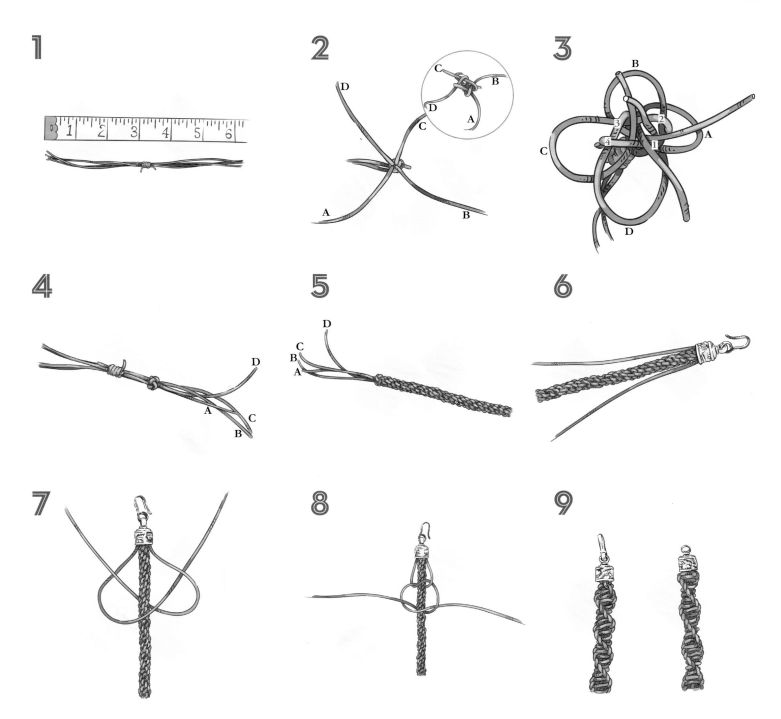

铜弹簧扣挂绳
BRASS SPRING RING LANYARD

这款作品是一款长挂绳，你可以用上面的复古环扣来挂钥匙、工作证甚至手机。

工具

软尺

剪刀

材料

直径18mm~22mm复古黄铜大弹簧环扣 1个

直径1.5mm天然棕色圆皮绳长127cm，4根

直径1.5mm天然灰色圆皮绳长127cm，2根

1 将复古黄铜大弹簧环扣串在2根直径1.5mm天然棕色圆皮绳和1根直径1.5mm天然灰色圆皮绳的中间，然后将皮绳对折。将3根皮绳对折后，得到长度相同的6根皮绳，设定为A号至F号。

2 将A盖过B，再将B盖过C，再将C盖过D，再将D盖过E，再将E盖过F，最后将F穿过A。

3 将A至F收紧，将A从1下方穿过，将B从2下方穿过，将C从3下方穿过，将D从4下方穿过，将E从5下方穿过，将F从6下方穿过。

4 接着，将6根皮绳从A到F，一字排开。将C和D交叉，C在上，D在下。

5 将A从B、D和C下面绕到C的上面，C和D的中间。

6 将F从下方穿过E、C，放置在A、C的中间。

7 之后重新排列皮绳的顺序为从左至右A到F，将最左侧的从后面绕到D的上面，C和D的中间。然后再将最右侧的从下面绕到C的上面，C和D的中间。之后刷新皮绳的排列顺序A到F一次，然后重复。编制和刷新排列顺序，如步骤4~7的说明，直到达到所需长度为止。本例为38cm。

8 将剩下的2根直径1.5mm天然棕色圆皮绳和1根直径1.5mm天然灰色圆皮绳以同样的方式编制在复古黄铜大弹簧环扣上。

9 将A端的6根皮绳和B端的6根皮绳交叉后，先将A端的6根皮绳编制完成一个步骤3所描述的绳结技法。剪去多余的皮绳。

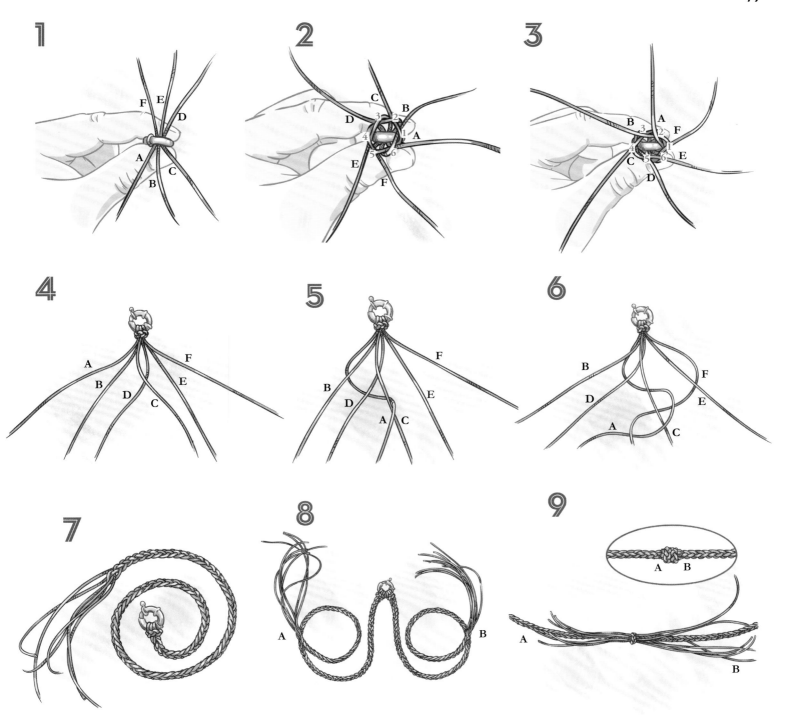

鱼形钥匙环
FISH KEY RING

这是一款复古钥匙环的纯皮绳编绳作品。钥匙环是60年代的产物，这款作品使用了较为复杂的编制技巧，对于初学者有一定的挑战性。

工具

软尺

剪刀

材料

复古钥匙扣一副

直径1.5mm天然灰色圆皮绳长89cm，1根

直径1.5mm天然褐色圆皮绳长89cm，1根

直径1.5mm天然棕色圆皮绳长89cm，1根

1 将1根皮绳从中间对折，对折点为A端，另一端为B端。

2 先将A端穿过钥匙扣，再将B端绕过钥匙扣从A端穿过，拉紧。这样便在钥匙扣上打了一个平结。

3 将3根皮绳都按步骤2操作的方式缠绕在钥匙扣上，将皮绳从左至右设定为A~F。

4 将A从B上面和C下面穿过，并与穿过E下面和D上面的F交叉，交叉处A在上面。这便是一组完整的6根皮绳的编制，下一组编制开始前，刷新排列顺序从左至右重新标记为A至F，重复编制即可。

5 重复步骤4，编制至你所需要的长度。本例长度为20cm。然后把编绳对折。

6 对折后，将A~F对应1~6的空隙，穿过收紧。

7 将D围绕皮编主体和其他5根皮绳，进行编制西班牙环结。（见第20页基本技法）

8 将B围绕皮编主体和其他4根皮绳，进行编制西班牙环结。

9 将C围绕皮编主体和其他3根皮绳，进行编制西班牙环结，然后将多出来的皮绳剪去，作品完成。

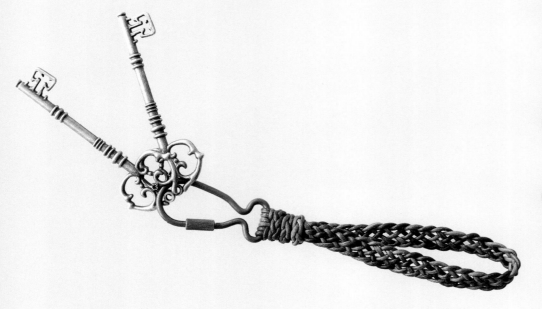

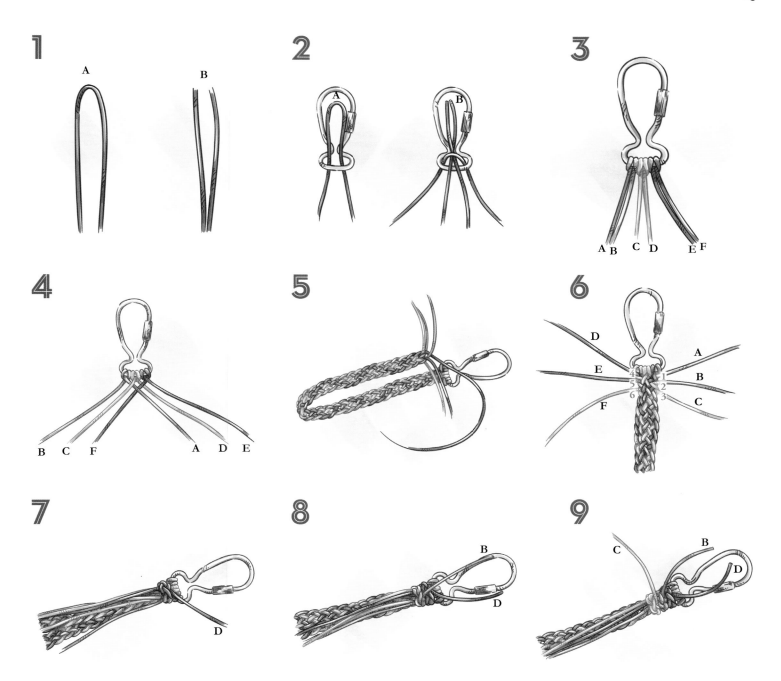

魔法扫帚吊坠
MAGIC BROOM PENDANT

在皮绳编制的过程中，对于所需皮绳的长度把握是个难点，因此，每个作品完成后，都会余下长度很尴尬的废皮绳。为什么不用这个简单的作品回收利用废皮绳呢？

工具

软尺

剪刀

2根橡皮筋

材料

复古铜环一个

长度不低于15cm的皮绳若干，不限粗细、颜色。

直径2mm天然蓝色圆皮绳长，25cm、50cm各1根

直径0.5mm天然棕色圆皮绳，长50cm，1根

备注：这款作品需要长度超过15cm的皮绳，没有颜色和粗细的要求。

1 选择你要用的皮绳，如图所示，一端对齐，用橡皮筋扎成一束，将对齐的一端设定为A，未对齐的一端设定为B。

2 在距离A端5cm的位置，用直径0.5mm天然棕色圆皮绳编制西班牙环结固定。（见第20页基本技法）

3 把B端的皮绳全部向相反方向翻折，将A包裹住，用另一根橡皮筋固定。

4 使用长一些的蓝色圆皮绳在距离B端12mm的位置编织西班牙环结固定，然后将绑在皮绳上的橡皮筋去掉。

5 将A端皮绳修剪整齐。

6 将长度短一些的蓝色圆皮绳以平结（见第21页基本技法）的方式固定在复古铜环上。将铜环上的皮绳两端从皮绳束的B端中间穿过，直至从A端穿出。

7 将中心的2根蓝色圆皮绳在流苏根部打一个死结。将皮绳再次修剪整齐，完成这个吊坠。

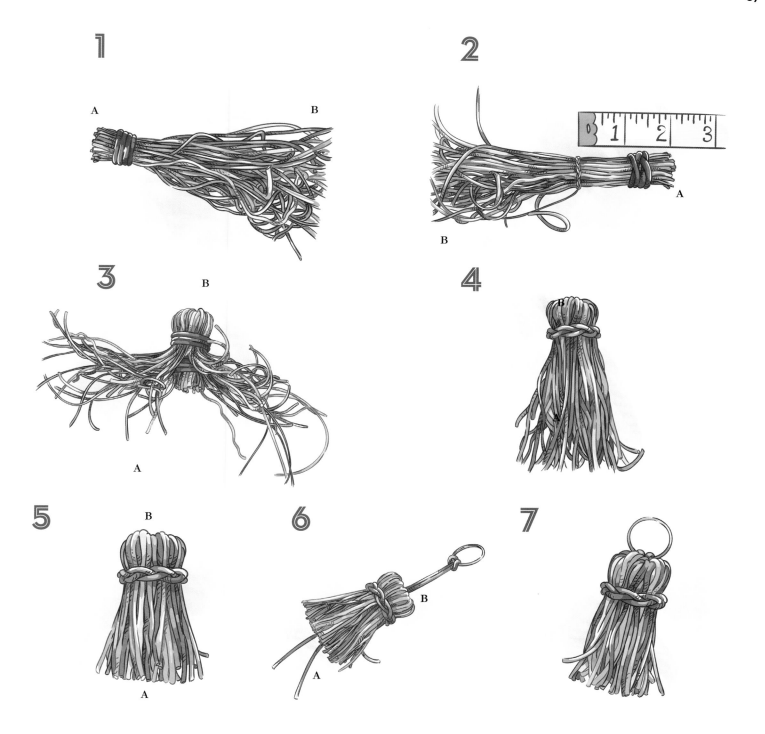

沙漠之月皮卷耳环
DESERT MOON LEATHER COIL EARRINGS

这是一款制作起来较为容易的串珠耳环，非常适合初学者。它是由一根直径1.5mm的天然棕色圆皮绳与两颗穿孔直径3mm的木制串珠编制串连而成。

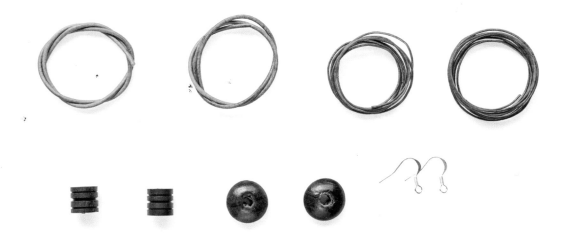

工具

软尺

剪刀

材料

耳环挂钩1对

直径1.5mm天然棕色圆皮绳长25cm，2根

直径0.5mm天然棕色圆皮绳长76cm，2根

穿孔直径3mm的木质串珠2对

1 将每个耳环挂钩都穿在直径1.5mm的棕色圆皮绳上，距离一端4cm。

2 轻轻地将皮绳的末端折叠起来，将你选择的木质串珠连接到两条皮绳上。

3 将第2颗木质串珠穿在较长的那一根棕色圆皮绳上，移动至距离第1颗木质串珠4cm处。

4 保持木质串珠不动，将穿有第2颗木质串珠的皮绳对折收回重叠，将多出的皮绳剪去。（皮绳约长4cm）

5 将直径0.5mm的棕色圆皮绳从A端开始缠绕在1.5cm的皮绳上，至B端打完成结（见第23页基本技法）收口。耳环完成。

1

2

3

4

5

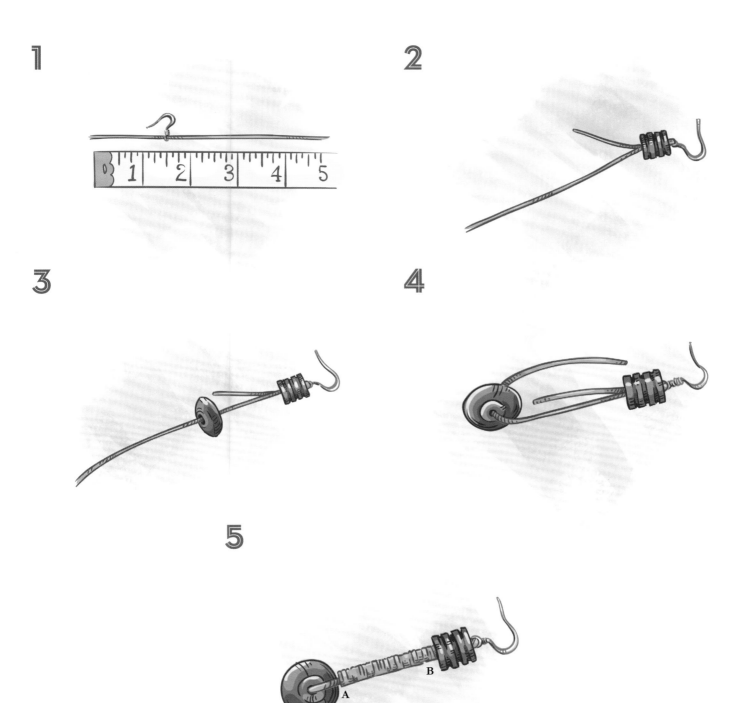

河边微风双结耳环
RIVER BREEZE DOUBLE KNOT EARRINGS

此款耳环，是由两对漂亮的陶瓷串珠通过两个绳结在两端将陶瓷串珠固定而成。穿孔直径为3mm的任何类型的陶瓷珠子都可以用。

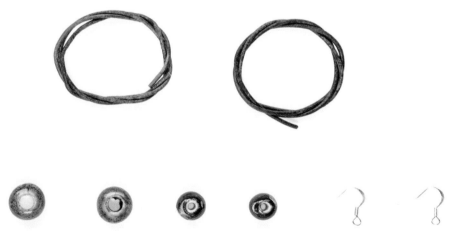

工具

软尺

剪刀

材料

耳环挂钩1对

直径1.5mm天然灰色圆皮绳长38cm，2根

穿孔直径3mm的陶瓷串珠2对

1 将耳环挂钩穿在其中一条天然灰色圆皮绳的中间位置。

2 把皮绳的A端放在食指上，B端放在食指后面，再如图2所示，做个圈放在食指前面。

3 将皮绳A端从1下方绕过，压在2上方，从3下方穿过，压在4上方。

4 将皮绳B端，以逆时针方向，绕过1下方，从2中间穿过。

5 将皮绳A端，以逆时针方向，绕过1下方，从2中间穿过。

6 抓住皮绳的A端和B端，往耳环挂钩相反的方向拉动。

7 将陶瓷串珠穿在两根皮绳上，然后重复步骤2~6。

8 这样你就完成了第2个结。

9 将挨着第2个结的多出的皮绳剪去，耳环就完成了。

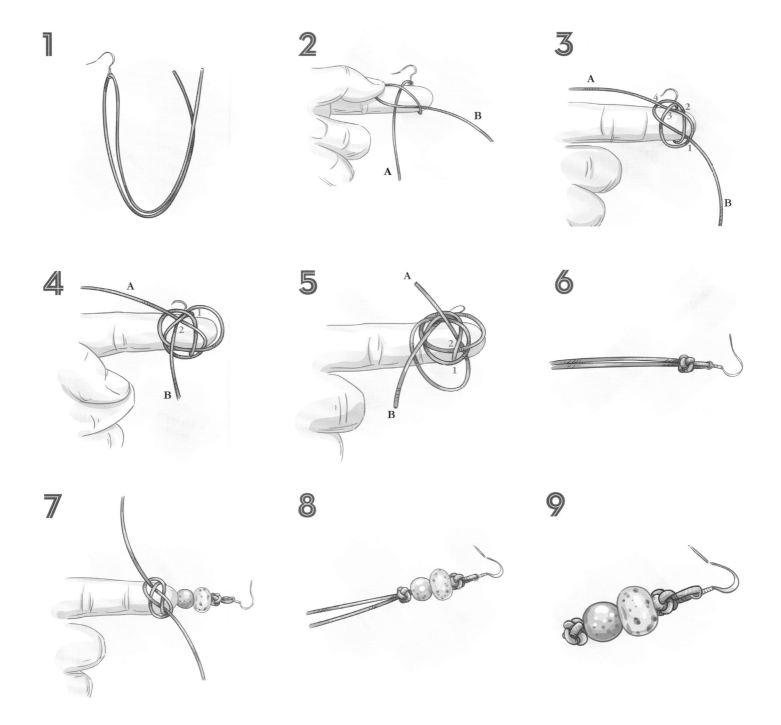

红灯笼耳环
RED LANTERN EARRINGS

这是一款完全使用皮绳编制基本技法制作而成的耳环，但是最后制作出来的成品却很出众。

工具

软尺

剪刀

戒指尺寸测量棒

材料

耳环挂钩1对

直径2mm的天然红色圆皮绳长64cm，2根

1 将红色皮绳绕戒指尺寸测量棒3码处一圈后交叉，A端为起始端，B端为延伸端。如图所示，交叉时B端压住A端。

2 将B端再绕戒指尺寸测量棒一周后，压过1处，然后穿过2处，再压过3处。

3 旋转戒指尺寸测量棒至反面，这样A端在右，B端在左。移动B端压过A端，形成1和2两个新的交叉。

4 将B端的皮绳从1下方的孔穿过，再从2下方的孔穿过。

5 将戒指尺寸测量棒旋转回来，A端与B端应该在原来的位置上。将B端穿过A端的开口，就完成了完整一个回圈结。

6 将已编制好的皮圈，从戒指尺寸测量棒上取下。现将A端皮绳所在的球形那一端设为顶端，也就是耳环挂钩所在的位置，因此，B端在底部。取B端，小心翼翼地沿着A线的路径，绕3圈。

7 当B端皮绳最后一次贯穿到底端时，此时可看到5组皮绳。一组有2条皮绳，四组有3条皮绳。将B端皮绳先穿过球中心的开口，这样它就在A的顶端出来了。

8 将耳环挂钩固定在顶部的B端皮绳上，将A端超出主体部分的皮绳剪去。将B端从顶部到底端环绕通过中心开口。

9 现在，耳环应该通过B端牢固地环绕，B端现在位于球的底端。完整的球形编制成品，无论从哪个角度，哪个编制轨迹上看，都是三条皮绳。将多出来的皮绳剪去，轻轻按压球形编制品，使其形状更加均匀饱满。耳环完成。

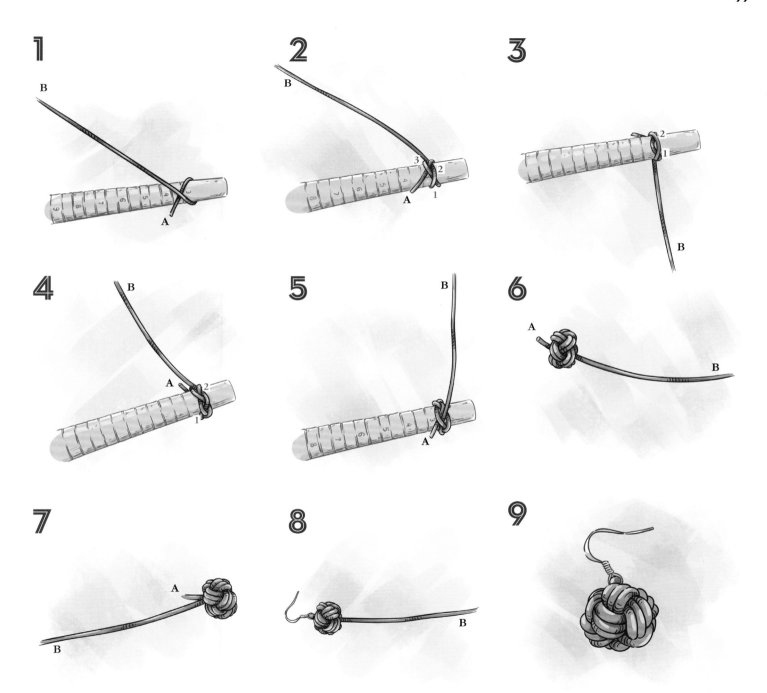

皮带搭扣
BELT BUCKLE

缠绕覆盖的技法在皮绳编制中的应用非常的灵活广泛，这次我们把复古的皮带头用皮绳缠绕覆盖，让一个普通的皮带头看上去有那么一点特别。

工具

软尺

剪刀

胶

材料

复古金属皮带头1个

直径2mm天然棕色圆皮绳长100cm，1根

1 将皮绳绕皮带头一圈。起始端为A，延伸端为B。交叉点为1。

2 将B端再绕皮带头一圈，形成交叉点2。

3 将B端皮绳从1和2的交叉处下方穿过，然后收紧已编制的皮绳。

4 将B端皮绳绕皮带头一圈，形成交叉点3，并从前一个交叉点的下方穿过。这是缠绕编制技法的循环部分。

5 重复步骤4，将皮绳覆盖皮带头。并以西班牙环结收尾固定。

6 用同样的方式将皮带头的另外一边用皮绳缠绕覆盖，作品完成。

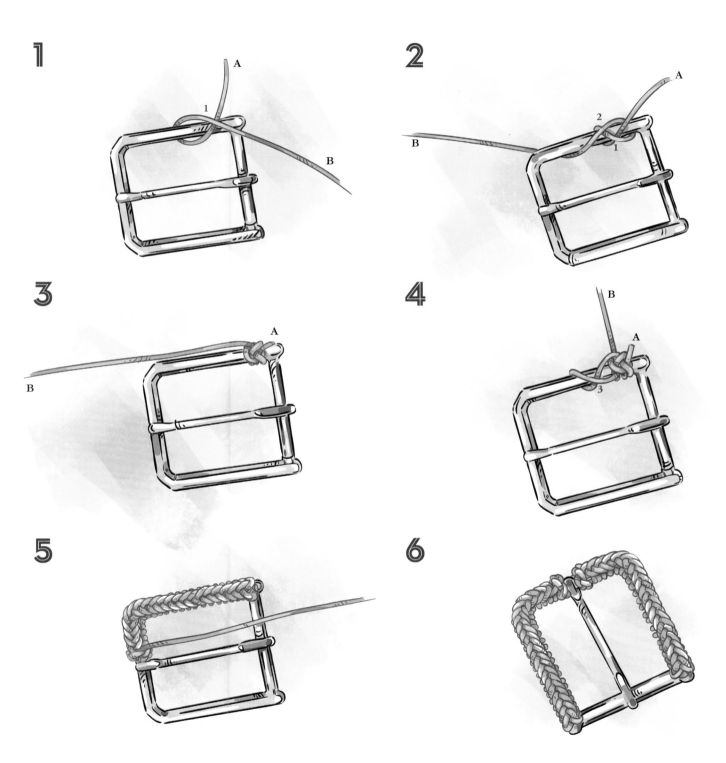

裹绳把手
WRAPPED HANDLE

这是一个将皮绳编制用于实际生活中的精彩范例。

工具

软尺

剪刀

直径大于3.5cm的圆木棍

材料

最大直径3.5cm木质抽屉把手1个

直径2mm天然蓝色圆皮绳长203cm，1根

1 使用直径大于3.5cm的木棒，将直径2mm的天然蓝色圆皮绳环绕木棒一圈并交叉，起始端为A端。将木棒一圈均分成4个区域，第一个交叉所在的区域为区域1，顺时针方向依次为区域2，区域3，区域4。

2 将B端绕木棒第2圈，在区域3形成一个交叉，并从区域1的红点下方穿过。

3 将B端绕木棒第3圈，从区域3的红点下方穿过，并从区域2的红点下方穿过。

4 将B端绕木棒第4圈，从区域4的红点下方穿过，并从区域2的红点下方穿过。

5 将B端绕木棒第5圈，从区域1和4之间的红点下方穿过，并从区域2和3之间的红点下方穿过。

6 将B端绕木棒第6圈，从区域1和2之间的红点下方穿过，并从区域3和4之间的红点下方穿过。

7 将编制好的环结从木棒上取下。

8 将木制抽屉把手套入编制的环结中。

9 此时结还是圆柱形，将环结的皮绳调整，收紧，与木制抽屉把手贴合。将皮绳B端延A端轨迹，重复缠绕一次。将多出的皮绳剪去。

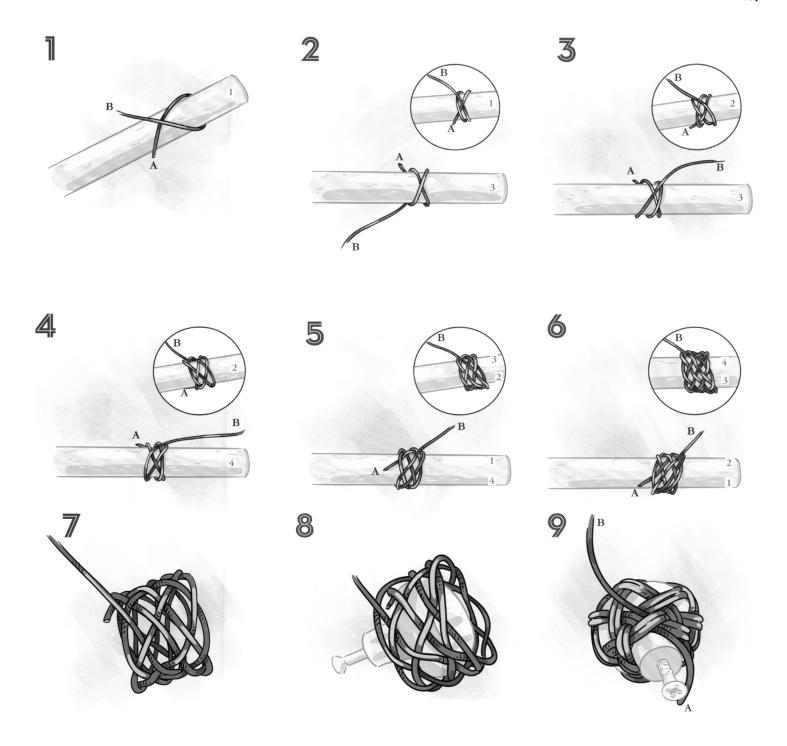

3

皮编变化款式

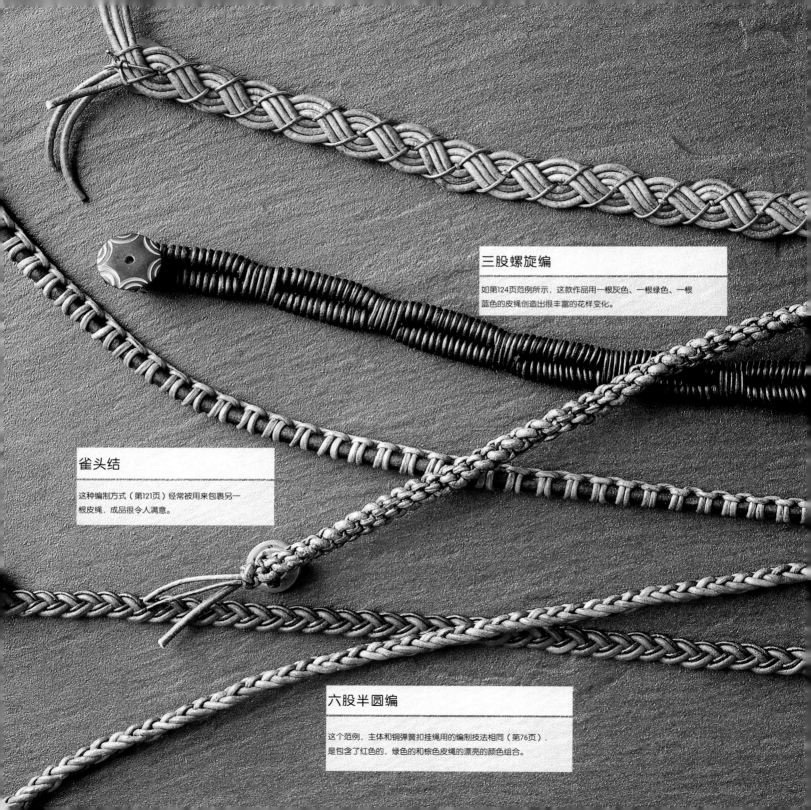

三股螺旋编

如第124页范例所示，这款作品用一根灰色、一根绿色、一根蓝色的皮绳创造出很丰富的花样变化。

雀头结

这种编制方式（第121页）经常被用来包裹另一根皮绳，成品很令人满意。

六股半圆编

这个范例，主体和铜弹簧扣挂绳用的编制技法相同（第76页），是包含了红色的，绿色的和棕色皮绳的漂亮的颜色组合。

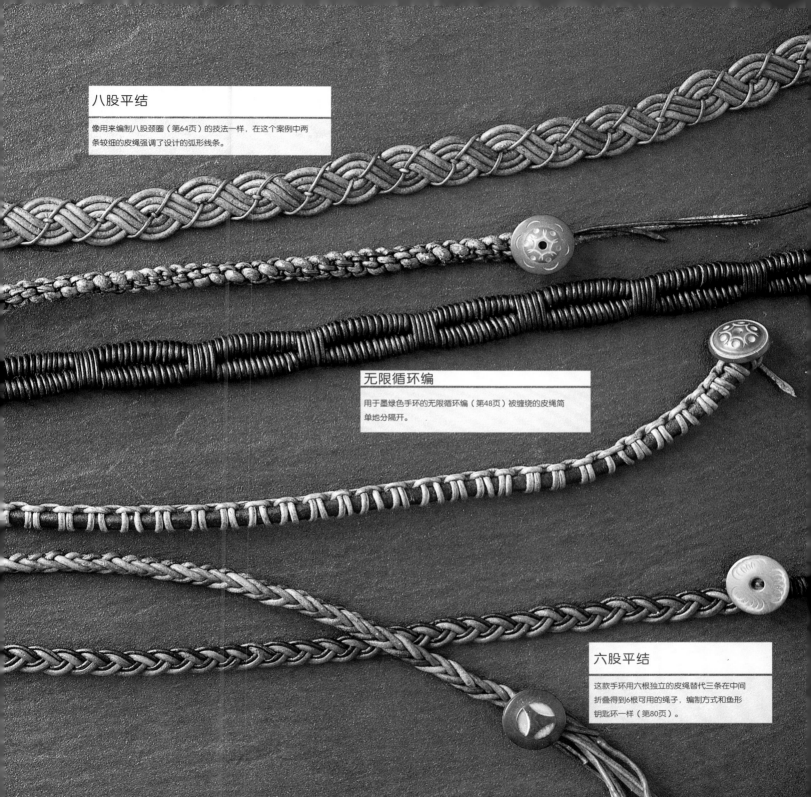

八股平结

像用来编制八股颈圈（第64页）的技法一样，在这个案例中两条较细的皮绳强调了设计的弧形线条。

无限循环编

用于墨绿色手环的无限循环编（第48页）被缠绕的皮绳简单地分隔开。

六股平结

这款手环用六根独立的皮绳替代三条在中间折叠得到6根可用的绳子，编制方式和鱼形钥匙环一样（第80页）。

鳄鱼脊编

鳄鱼脊编使用了8根皮绳，与八股鳄鱼脊编的技法相同（第123页）。但是在这个案例中，绳子更细，可以形成更精细的辫子。

简单编

这款编绳是用的和西式流苏手环相似的技法（第44页）然而，只用了三条单绳形成了更简单和更整洁的效果。

四股螺旋编

这条编绳与六股缠绕颈圈的前五步（第72页）用的技法相同，但用的是更细的皮绳，整齐的效果作为手环很合适。

三股缠绕编

在第122页的案例中使用的技法，这条编绳显示了在中间上改变缠绕皮绳颜色的惊人效果。

五股平结

这种简单的编制技法（第125页）可以改动，以创造一条直线或曲线。

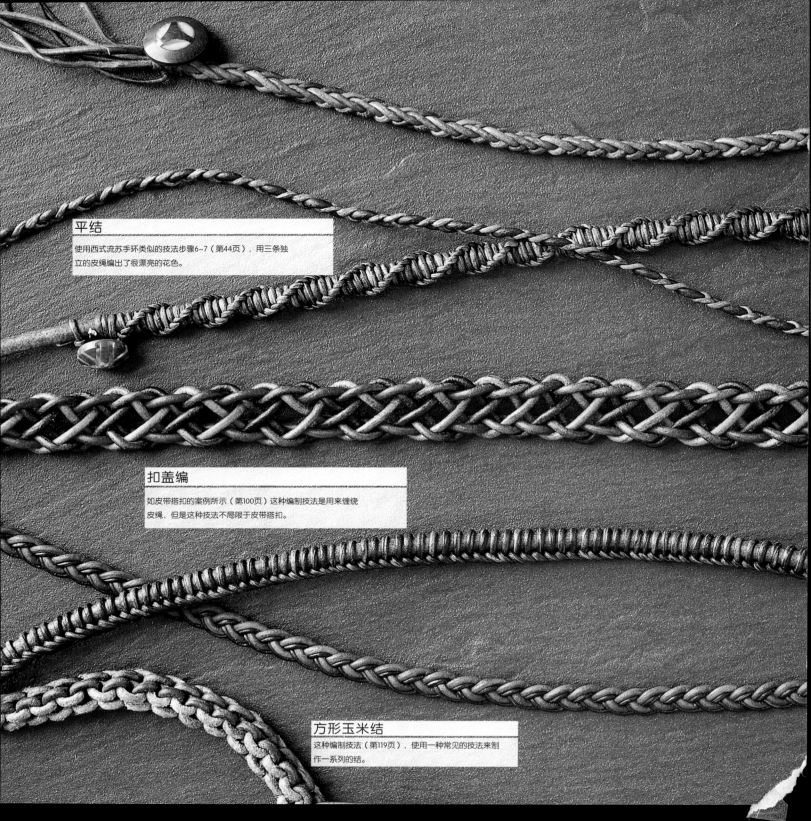

平结

使用西式流苏手环类似的技法步骤6~7（第44页），用三条独立的皮绳编出了很漂亮的花色。

扣盖编

如皮带搭扣的案例所示（第100页）这种编制技法是用来缠绕皮绳，但是这种技法不局限于皮带搭扣。

方形玉米结

这种编制技法（第119页），使用一种常见的技法来制作一系列的结。

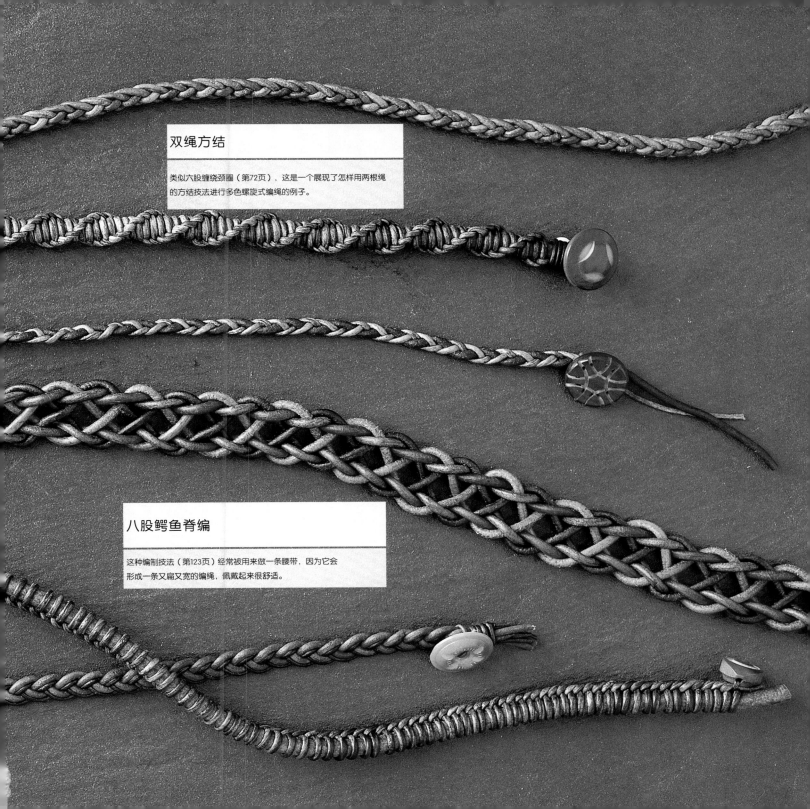

双绳方结

类似六股缠绕颈圈（第72页），这是一个展现了怎样用两根绳的方结技法进行多色螺旋式编绳的例子。

八股鳄鱼脊编

这种编制技法（第123页）经常被用来做一条腰带，因为它会形成一条又扁又宽的编绳，佩戴起来很舒适。

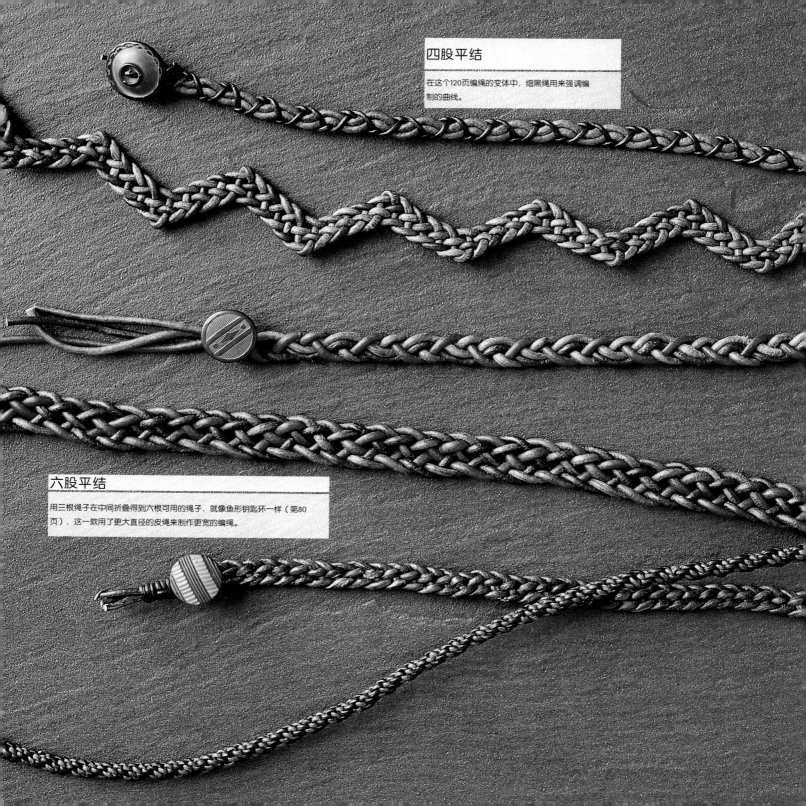

四股平结

在这个120页编绳的变体中，细黑绳用来强调编制的曲线。

六股平结

用三根绳子在中间折叠得到六根可用的绳子，就像鱼形钥匙环一样（第80页），这一款用了更大直径的皮绳来制作更宽的编绳。

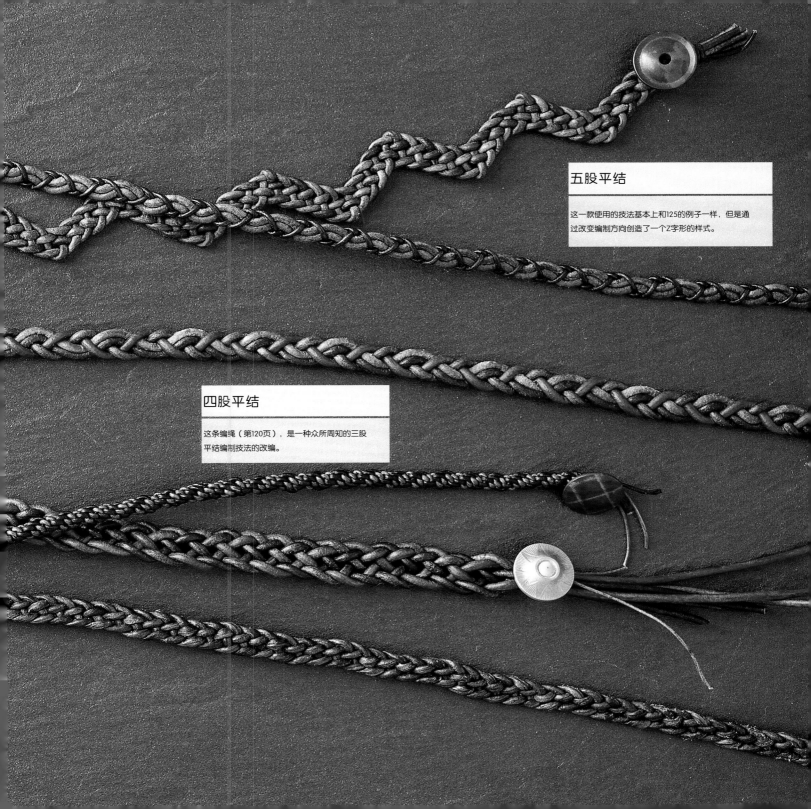

五股平结

这一款使用的技法基本上和125的例子一样，但是通过改变编制方向创造了一个Z字形的样式。

四股平结

这条编绳（第120页），是一种众所周知的三股平结编制技法的改编。

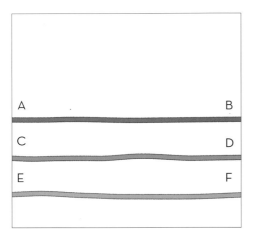

澳大利亚平结
AUSTRALIAN FLAT BRAID

这是一种常见于编制皮带开端所使用的编制方式。这种
编法适用于皮绳数量在2根以及2根以上的平面编绳。

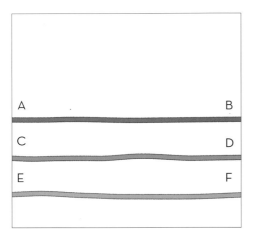

1 将紫色皮绳的两端设定为A和B，将绿色
皮绳的两端设定为C和D，将棕色皮绳的
两端设定为E和F。

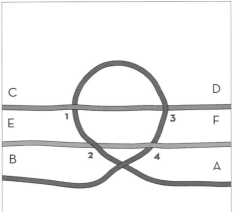

2 将A端经过1号处的下方，2号处的上
方，将B端经过3号处的上方，4号处的
下方，将A端与B端交叉重叠，交叉处B端在
A端上方。

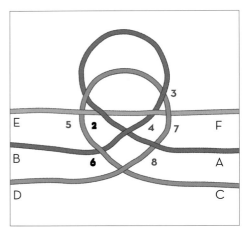

3 将C端经过5号处的下方，6号处的上
方，将D端经过7号处的上方，8号处的
下方，将C端与D端交叉重叠，交叉处D端在
C端上方。

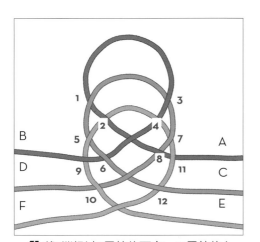

4 将E端经过9号处的下方，10号处的上
方，将F端经过11号处的上方，12号处
的下方，将E端与F端交叉重叠，交叉处F端
在E端上方。编制完成。

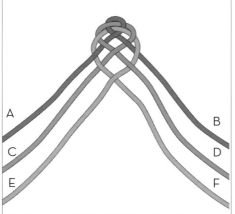

5 将3根皮绳打结固定，变成6根皮绳。
按照步骤1设定绳子，紫色绳子的末端
A在左边、末端B在右边，以此类推。重复
步骤2~5，直到达到所需的长度。

方形玉米结
SQUARE STITCH KNOT

这是一种常见的打结方式，无论是平面编绳还是立体编绳，都可以使用这样的编制方式。

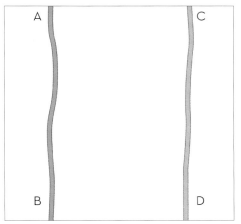

1 将绿色皮绳的两端设定为A和B，将棕色皮绳的两端设定为C和D。

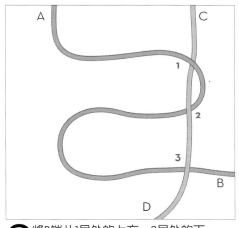

2 将B端从1号处的上方，2号处的下方，3号处的下方穿过。

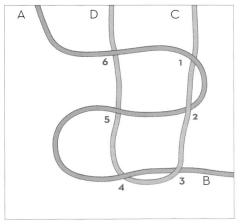

3 将D端从4号处下方，5号处下方，6号处下方穿过。

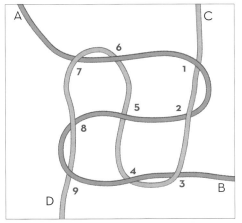

4 将D端从7号处上方，8号处上方，9号处下方穿过。

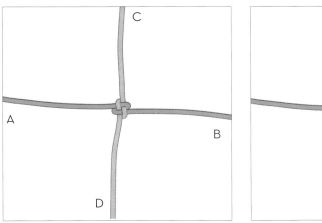

5 拉紧四条皮绳并固定，需要注意的是，这种节的正反面样式不同。重复步骤2~5直到编到你想要的长度。

四股平结
FLAT BRAIDING WITH FOUR STRANDS

这是一种使用4根皮绳的平面编绳技法，而实际上这是一款改编自广为人知的三股平结的技法。

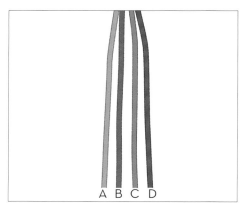

1 将棕色皮绳设定为A，将紫色皮绳设定为B，将绿色皮绳设定为C，将红色皮绳设定为D。

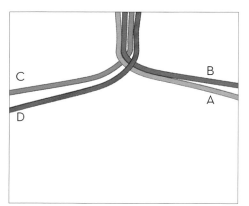

2 将A，B从C和D之间穿过。

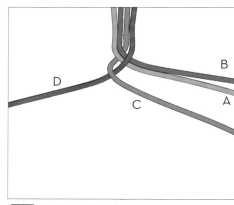

3 将C置于D的上方。

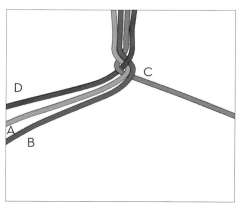

4 将A，B置于C的上方。

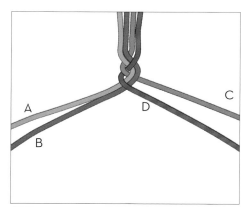

5 将D置于A、B的上方。

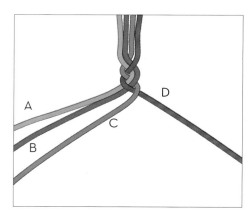

6 将C置于D的上方。到此便完成了一次完整的四股平结，4根皮绳在步骤1同样的位置。重复步骤2~6直到达到期望的长度。

雀头结
COCKSCOMB RING COVERING

这是一种用于缠绕包裹另一根皮绳的编绳方式。

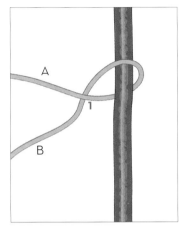 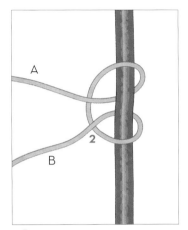 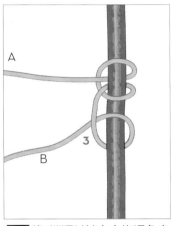 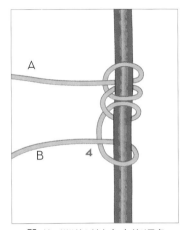

1 将用于缠绕的棕色皮绳顺时钟方向绕褐色皮绳一圈，形成交叉点1号，起始端设定为A，延伸端设定为B。

2 将B端皮绳逆时钟方向绕褐色皮绳一圈，形成交叉点2号。这是缠绕方式的开端，尽量收紧皮绳，以免在编制过程中错位。

3 将B端顺时钟方向绕褐色皮绳一圈，形成交叉点3号。

4 将B端逆时钟方向绕褐色皮绳一圈，形成交叉点4号。这样便重复了一次编制的步骤。

三股缠绕编
THREE RINGS COVERING

这是一种使用4根皮绳的立体编绳法，由1根皮绳缠绕另外3根皮绳，形成一个截面为三角形的编制结构。

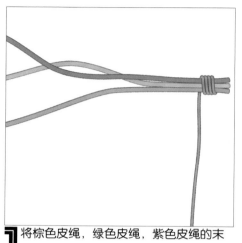

1 将棕色皮绳，绿色皮绳，紫色皮绳的末端合在一起形成三角形，用红色皮绳固定。

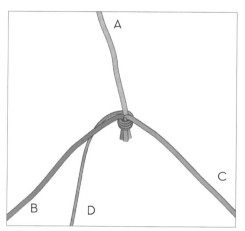

2 从横切面看，将棕色皮绳设定为A，紫色皮绳设定为B，绿色皮绳设定为C，红色皮绳设定为D。

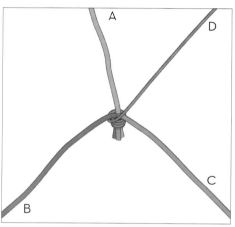

3 将皮绳D，绕皮绳B一圈，然后置于A和C中间。

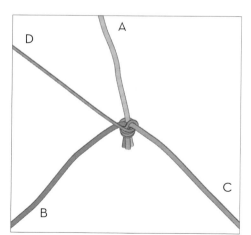

4 将皮绳D，绕皮绳C一圈，然后置于皮绳A和B的中间。

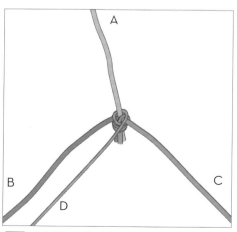

5 将皮绳D，绕皮绳A一圈，然后置于皮绳B和C的中间。

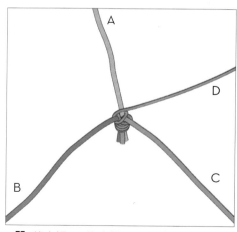

6 将皮绳D，绕皮绳B一圈，然后置于皮绳A和C的中间。这样便是一次完整的编法，重复步骤4~6直到编到理想的长度。

八股鳄鱼脊编
CROCODILE RIDGE BRAID WITH EIGHT STRINGS

这种编绳法能编制出较宽的皮编饰品，常见于皮带的编制。

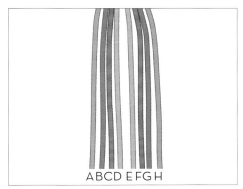

1 将8根皮绳一字排开，从左至右设定为A至H。

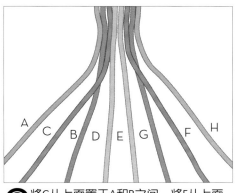

2 将C从上面置于A和B之间，将F从上面置于G和H之间。

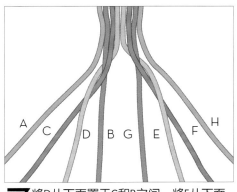

3 将D从下面置于C和B之间，将E从下面置于F和H之间。

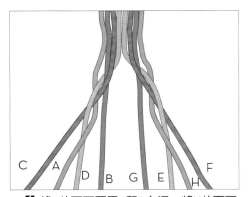

4 将A从下面置于C和D之间，将H从下面置于E和F之间。至此，开端已完成，接下来进入循环步骤。在进入循环步骤之前，首先将皮绳的排序刷新，从左至右为A至H。

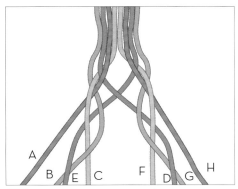

5 先将D从下面置于F和G之间，再将E从下面置于B和D之间。请注意，此步骤中，有先后之分。

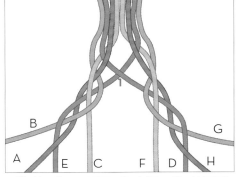

6 将A从下面置于B和E之间，将H从下面置于D和G之间。步骤5和步骤6为循环步骤，完成一次会得到一个交叉纹饰，如红点处。请记住，在进入循环步骤之前，首先将皮绳的排序刷新，从左至右为A至H。重复以上步骤直到理想的长度。

三股螺旋编
SPIRAL BRAIDING WITH THREE STRANDS

较为简单的立体编绳方式。在此基础上，增加皮绳的数量，调整皮绳的粗细，搭配不同颜色的皮绳，编制出来的皮绳都会得到令人意想不到的效果。

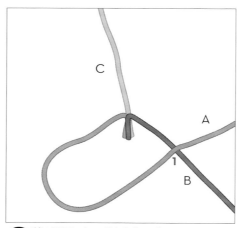

1 将3根直径1.5mm的红色皮绳固定成一束，设定为A，B，C。

2 将A置于B上，形成交叉点1。

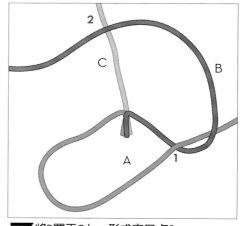

3 将B置于C上，形成交叉点2。

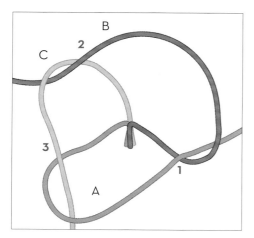

4 将C从A形成的圆圈中穿过，形成交叉点3。

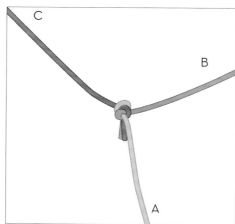

5 将皮绳A，B，C收紧，便完成一次编制。重新设定皮绳BCA，逆时针移动。重复步骤2~5，直到理想的长度。

五绳平结
FLAT BRAIDING WITH FIVE STRANDS

这种平面编绳的方式，非常多变，此编法即可编成直线条的，也可编成弯曲的，而且弯曲的角度几乎可以为直角。

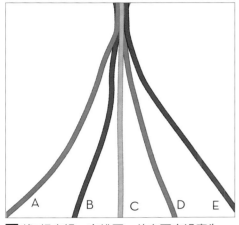

1 将5根皮绳一字排开，从左至右设定为A，B，C，D，E。

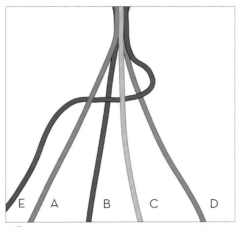

2 将E从右至左，穿过D的上面，C的下面，B的上面，A的下面。

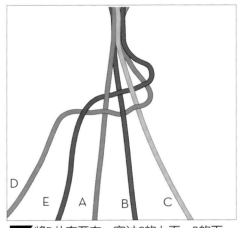

3 将D从右至左，穿过C的上面，B的下面，A的上面，E的下面。

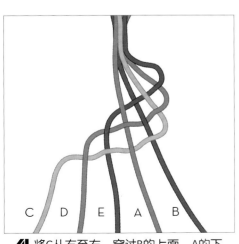

4 将C从右至左，穿过B的上面，A的下面，E的上面，D的下面。

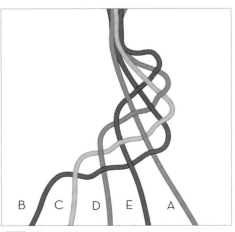

5 将B从右至左，穿过A的上面，E的下面，D的上面，C的下面。

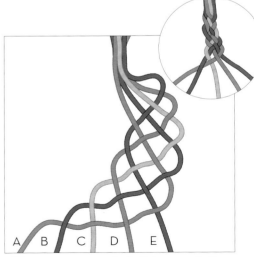

6 将A从右至左，穿过E的上面，D的下面，C的上面，B的下面。至此，此编法的一次完整编制结束，将皮绳收紧。循环重复步骤2~6，直到达到理想的长度。

后记

写给中国读者：

亲爱的读者，你好。

很感激你能看完这本书，或者是拿起书本直接翻到这一页。我是一个很幸运的人，尽管幸运来时我毫不知情。

我是一个中国人，80年代出生，经历了完整的大陆教育体系，在电视媒体工作十年，直到有一天我开始质疑，我是谁？然后不顾一切地去寻找答案，在最痛苦的时候，我太太给了我一本书，是一本关于皮绳编制的书。然后，皮编一直伴随着我在永远未知的痛苦中重新长大。

有一天，英国一家出版社向我发出邀请，写一本关于皮编的书。一年后，图书顺利出版了，但是仅有英文版本。又过了差不多一年，中国纺织出版社有限公司引进了该书的英文版权，才有了与中国读者对话的机会。

直到现在，我都不敢承认自己是一个手艺人。大概是因为我真的没有非常认真努力地去学过，完全是玩着玩着，就会了。而且现在也没怎么搭理，就想着到时候编越难越好。我想我遇到对的事情了，大概就是确认过眼神的感觉。我不知道你有没有过这样的感觉，如果没有，没关系，只是时机还没到。如果有，我下面要说的话，你可以听听看。

当你可以全身心投入地去完成一件事情的时候，当然也包括手工制作的时候，一切尽在你的掌握中，其实是一件非常享受的事情。那是一种与内在交流的美好。这种感受只有你自己知道，旁人是无法企及的。所以，我会把皮绳编制当成我自己做的为数不多的全身心投入的事情。自然，完成之后的作品也就没有必要在乎别人的看法。我觉得，这是一个必须要有的态度，是需要排第一位的，而且要坚持到底。做人做事也多是如此。不知此时，你是否会想到曾经喜欢过但没坚持的人或事物，或是想试试做点什么找找感觉？去吧，我衷心祝福你。

罗迎修写于2018年7月18日　湖南长沙